ALFRED CAPUS

DE L'ACADÉMIE FRANÇAISE

ANNÉES D'AVENTURES

— ROMAN —

EDITION ILLUSTRÉE
par
HERMANN-PAUL

EUGÈNE FASQUELLE, ÉDITEUR

Fin d'une série de documents
en couleur

ANNÉES D'AVENTURES

Eugène FASQUELLE, Éditeur, 11, Rue de Grenelle, Paris

OUVRAGES D'ALFRED CAPUS

ROMANS

Faux Départ, illustrations de L. CAPPIELLO . . . . 1 Vol.
Histoires de Parisiens. . . . . 1 Vol.
Robinson . . . . 1 Vol.

THÉATRE

La Bourse ou la Vie. Comédie en 4 actes. . . . . 1 Vol.
La Veine. Comédie en 4 actes. . . . . 1 Vol.
Les Maris-de Léontine. Comédie en 3 actes . . . . . . 1 Vol.
Les Deux Écoles. Comédie en 4 actes . . . . 1 Vol.
La Châtelaine. Comédie en 4 actes . . . . 1 Vol.
La petite Fonctionnaire. Comédie en 5 actes . . . . . . 1 Vol.
Notre Jeunesse. Comédie en 4 actes . . . . 1 Vol.
Brignol et sa Fille — Petites Folles . . . . 1 Vol.
Monsieur Piégois. Comédie en 3 actes . . . . 1 Vol.
Les Passagères. Comédie en 4 actes . . . . 1 Vol.
Les Deux Hommes. Pièce en 4 actes . . . . 1 Vol.
L'Oiseau blessé. Comédie en 4 actes . . . . 1 Vol.
L'Adversaire. Comédie en 4 actes, de CAPUS (A.) et ARÈNE (E.). 1 Vol.
L'Attentat. Pièce en 5 actes, de CAPUS (A.) et DESCAVES (L.). 1 Vol.

5775. — L. — IMPRIMERIES RÉUNIES, RUE SAINT-BENOIT, 7, PARIS

ALFRED CAPUS

DE L'ACADÉMIE FRANÇAISE

ANNÉES
D'AVENTURES

— ROMAN —

ÉDITION ILLUSTRÉE PAR HERMANN-PAUL

PARIS

LIBRAIRIE CHARPENTIER ET FASQUELLE

EUGÈNE FASQUELLE, ÉDITEUR

11, RUE DE GRENELLE, 11

1922

A mon Ami

ÉTIENNE GROSCLAUDE

I

Les Imbert [avaient formé une famille très unie jusqu'à la mort d'Anselme Imbert, propriétaire à Poitiers, qui, sans raison apparente, déshérita deux de ses neveux au profit d'un troisième. Un procès s'ensuivit qui dura plusieurs années, absorba une partie de la fortune du défunt et créa une haine tenace entre les branches rivales. Il y eut des coups échangés sur la place publique, à la porte du Palais, et des incidents d'audience où des cousins germains se prodiguèrent les plus grossiers outrages.

Dès lors, les membres de la famille Imbert, disséminés en Poitou, en Limousin, à Paris, ne cherchèrent qu'à s'injurier et à se nuire. Ils guettaient les occasions de se traîner

DEBUT DE PAGINATION

devant la justice pour des affaires insignifiantes ; les uns laissaient par testament leurs biens à des domestiques pour en priver leurs parents ; les autres fondaient des asiles ou des bibliothèques et ainsi, depuis près d'un quart de siècle, toute la fortune, sauf de père à fils, finissait par tomber aux mains d'étrangers.

En trois ou quatre générations pourtant cette haine s'apaisa et se transforma en une indifférence absolue. Les jeunes gens méprisaient les discussions qui avaient divisé leurs pères et jugeaient que la situation actuelle était excellente ; les questions d'héritage ne les préoccupaient plus, car presque tous les ascendants étaient ruinés, et personne n'avait intérêt à faire une tentative quelconque de rapprochement. Lorsqu'ils se rencontraient, soit dans un conseil de famille, soit pour la signature d'un acte commun, ils se regardaient simplement avec cette sorte du curiosité hostile qu'on ressent vis-à-vis d'inconnus qui portent le même nom que nous.

C'étaient la plupart des gens honorables, exerçant des professions importantes et classées. Ils étaient médecins, avocats, rentiers, avoués ou notaires de petite ville. Aucun n'avait jamais réussi à s'enrichir ni à s'illustrer ; aucun non plus jusqu'à présent n'était tombé dans la misère complète, les plus pauvres possédant encore des morceaux de terre dont ils vivaient médiocrement.

Seuls de toute la famille, les deux fils de Léon Imbert, avoué à Châtellerault, avaient été sur le point de mal tourner.

L'aîné, Augustin Imbert, s'étant marié à Paris, se lança dans le commerce et dans la spéculation.

D'abord il gagna beaucoup d'argent et on crut qu'il allait devenir très riche. Il avait un grand train de maison et venait de se faire construire un hôtel, quand il fit faillite. Tous ses parents furent indignés de ce scandale qui

mettait sur leur nom la première tache. Mais bientôt on le
vit se relever. Il travailla avec un acharnement farouche,
se privant de tout, installé dans un étroit logement de faubourg, et il finit par régler entièrement son passif et obte-
tenir sa réhabilitation. Alors, il abandonna les affaires et
vécut désormais avec quelques milliers de francs de rente
qu'il avait amassés. Il était d'un caractère méprisant et
orgueilleux. Les longs efforts qu'il avait faits pour sortir
de la misère, l'honnêteté qu'il avait montrée en désintéres-
sant ses créanciers lui apparaissaient comme des actes
sublimes dont aucun homme, à notre époque, n'était plus
capable. Aussi n'avait-il pas assez de dédain pour les gens
dont l'existence monotone se déroule sans péripéties. Sa
femme, domptée par ses grandes manières et son attitude
hautaine, le regardait comme un héros. Il était d'une taille
élevée, droit et mince, quoiqu'il approchât de la soixantaine; les favoris qu'il portait courts et soignés, sa moustache blanche et fine, le soin qu'il prenait de sa personne,
lui donnaient une certaine distinction austère.

Il fréquentait peu son frère, Émile Imbert, qui habitait
également Paris depuis sa jeunesse.

Celui-ci était avocat et, n'ayant pas réussi, avait mangé
insensiblement la plus grande partie de sa fortune et la dot
de sa femme. Il avait eu un fils, André, à qui il fit faire
ses études dans un lycée de Paris et qu'il destinait aussi
au barreau. Le ménage vivait dans la crainte continuelle
de l'avenir, et chaque année, quand il fallait pour combler
le déficit sans cesse croissant, vendre des actions ou hypothéquer des terres, Mme Imbert, désolée, entendait les
paroles alarmantes de son mari qui prédisait la ruine prochaine, et ils se lamentaient par avance tous les deux.

Les années de jeunesse d'André s'écoulèrent au milieu
de continuels soucis d'argent, dans cette gêne bourgeoise,

fastidieuse et lourde, qui est comme la dernière étape des familles épuisées.

M. Imbert perdit sa femme. André avait alors quinze ans. Il termina ses classes, en tête à tête avec son père qui devenait, en vieillissant, indifférent et silencieux, ne sor-

tait presque plus de la maison et restait des journées entières assis sur un fauteuil, fumant sa pipe.

André obtint son diplôme de bachelier avec peine et, au retour de son service militaire, vit son père décrépit et usé par la solitude. Il commença son droit sans aucune ardeur, simplement parce que c'était convenu depuis plusieurs années, mais ne sentant aucun goût particulier pour ce genre d'études.

Il avait une taille moyenne et son aspect général était

d'un homme vigoureux. Sa tête, légèrement penchée, rendait son air timide. Devant ses camarades il se troublait au moindre mot qu'il était obligé de dire. Sa physionomie paraissait très différente si on le rencontrait par hasard tout seul, marchant dans la rue. Alors, il avait une allure décidée et même hardie; son sourire n'était plus gêné, mais au contraire un peu narquois, son regard fin et attentif, et on comprenait aussitôt qu'il n'avait pas une intelligence grossière.

Dès qu'il se retrouvait en société, il reprenait subitement et sans s'en douter sa physionomie indécise et ses gestes gauches qui avaient fait croire à diverses personnes qu'il était d'un caractère sournois.

Dans le milieu des écoles, il passait pour un garçon gentil, doux, ignorant de la vie et sans avenir. Les jeunes ambitieux qui, au cours des conversations ou sur les chaises des brasseries, se partageaient par avance la politique, la littérature et les rôles importants de la société, ne lui assignaient aucune place dans cette future distribution. Il ne pouvait évidemment pas prétendre à être un homme d'État, puisqu'il ne fréquentait guère les réunions d'étudiants et ne prononçait jamais de discours; il ne devait pas être écrivain, car il lisait peu les journaux et ne savait pas discuter sur les livres; enfin, pour devenir un homme remarquable, dans quelque carrière que ce fût, il fallait avoir des idées, et il ne semblait pas en avoir.

Un soir, après dîner, M. Imbert, qui avait été plus morne encore que de coutume, se laissa tomber dans un fauteuil en poussant une sorte de grognement.

— Tu es malade? demanda André.

M. Imbert redressa la tête et dit à son fils :

— J'ai à te parler. Tu ne sors pas?

— Mais non, j'allais travailler, je t'écoute.

— En effet, continua M. Imbert en faisant un mouvement d'épaules, je ne me porte pas bien.

Il parut réfléchir, puis, regardant André :

— Est-ce que cela te serait égal de demeurer seul à
Paris, sans moi ?

Et il ajouta, avant que le jeune homme ait pu répondre :

— Tu vois, mon enfant, dans quel désordre nous sommes
et la difficulté que j'ai à me procurer tous les mois l'argent
qu'il nous faut. J'en suis réduit maintenant à avoir recours
à des gens d'affaires véreux qui me prêtent péniblement
quelques sous. Cette situation ne fera que s'aggraver tant
que tu ne gagneras rien. Or, quand gagneras-tu ta vie ?

— Je serai avocat dans deux ans, reprit timidement André.

— Tu seras avocat dans deux ans, c'est évident. Mais
pour gagner ta vie... hasard ! hasard ! hasard ! répéta
M. Imbert. Je connais ce métier. Et puis, tu as des études
à terminer et voilà où la question se complique. Il s'agit
donc d'être courageux et de voir les choses comme elles
sont. Or, la vérité, mon garçon, est que pour continuer tes
études, il faut que tu aies l'énergie de faire un travail
lucratif en dehors ; car d'argent, je n'en ai plus.

Quoique André n'eût jamais réfléchi que fort vaguement
à la situation, il répondit avec aplomb :

— Tu comprends que je ne me suis jamais fait la plus
petite illusion sur notre état de fortune. Je vais tâcher de
trouver une place quelconque et je gagnerai notre vie à
tous les deux. Ça ne me paraît pas bien difficile.

— Parfait, parfait, mon ami, reprit M. Imbert, en frappant légèrement sur l'épaule de son fils. Mais je ne t'en demande pas tant. Il suffira que tu gagnes le tienne.

André, surpris, murmura :

— Eh bien, et toi ?

— Ne t'inquiète pas de moi, mon garçon... Heu ! moi, je

suis trop vieux maintenant pour habiter une grande ville.
Je n'ai plus qu'une chose à faire, moi, me retirer à Sainval et puis finir là-bas... Heu!

C'était la propriété qu'ils possédaient à quelques lieues
de Châtellerault. André n'y était allé que trois ou quatre
fois, à l'époque des vacances; mais son père et sa mère en
avaient si souvent parlé devant lui, que ce nom de Sainval
se mêlait à tous ses souvenirs de famille.

D'abord, aux premiers temps de leur mariage, M. et
Mme Imbert ne songeaient qu'à agrandir Sainval et à le
réparer, car une aile de la maison tombait en ruines; il
était question également d'acheter une pièce de terre en-
clavée dans le domaine. Que de discussions André avait
entendues sur ce projet! Combien de devis on avait étalés,
le soir, sur la table de la salle à manger, après le repas!
André se rappelait la figure résignée et douce de sa mère,
lorsque M. Imbert affirmait : « Nous ferons tout cela l'année prochaine. » D'année en année, M. Imbert avait renoncé lui-même à ces hautes ambitions de propriétaire :
l'aile de la maison s'était écroulée et les fermiers deman-
daient en vain l'argent nécessaire pour la reconstruire. Au
lieu d'acheter le morceau de terre du voisin, M. Imbert lui
avait vendu deux hectares appartenant à Sainval. Puis, ce
fut la série des emprunts et des hypothèques. André assista
ensuite à tous les drames du papier timbré, depuis les
colères de M. Imbert s'écriant : « Ces gredins n'auront plus
un sou de moi! » jusqu'aux pleurs silencieux de sa mère,
osant à peine lire les phrases redoutables de ces grimoires.

Et on arriva dans la famille à ne plus prononcer le nom
de Sainval qu'à de rares intervalles. Aussi, lorsque son
père lui eut déclaré tout à coup qu'il voulait vivre désormais à Sainval, André parut stupéfait. Il répéta :

— A Sainval?... Mais, père, je m'imaginais que Sainval...

— Sainval, mon enfant, dit M. Imbert, est hypothéqué pour une somme au moins égale et probablement supérieure à sa valeur, cela est vrai. Mais justement pour cela, les créanciers n'ont aucune raison de le faire vendre et surtout dans la crise que traverse actuellement la propriété foncière. D'ailleurs, les revenus de Sainval payent à peu près les intérêts des créances et les payeront surtout quand je serai là moi-même pour surveiller les fermiers. L'existence matérielle ne me coûtera rien ; je vivrai comme un paysan : c'est ce qu'il me faut.

André ne découvrant aucune objection contre ce programme, M. Imbert continua :

— Voilà pourquoi, mon garçon, tu n'as à t'occuper que de toi. A la fin de chaque année, si je le peux, je t'enverrai quelques bribes ; mais, hélas ! mon ami, tu ne dois pas y compter. Tu ne dois compter que sur toi, sur ton éducation, sur ton énergie.

— La situation ne me paraît pas bien grave, reprit André, en souriant avec assurance. Tu n'as qu'à partir tranquillement.

— Non, je ne partirai que lorsque tu auras un emploi. J'ai écrit à ton oncle, et je l'attends ce soir.

Les deux frères ne s'étaient jamais beaucoup fréquentés ; mais, cependant, ils ressentaient l'un pour l'autre une sorte de sympathie obscure, et lorsqu'ils se voyaient après des mois, des années même de séparation, il y avait dans la lente et forte poignée de main qu'ils échangeaient, comme un remords de ne pas se connaître, de ne pas s'aimer davantage. Aux heures fâcheuses de la vie, ils s'étaient, dans une certaine mesure, consolés et aidés. Quand Augustin, écrasé par une suite de désastres financiers, avait fait faillite, son frère avait mis à sa disposition les faibles ressources dont il disposait, sans lui adresser aucun reproche.

Augustin Imbert, de son côté, lui avait rendu depuis,

quoiqu'il ne fût pas riche, des services analogues. Peut-être eussent-ils été incapables d'un beau sacrifice, d'un de ces dévouements absolus qui sont les légendes héroïques de nos familles; mais, parfois, ni la bravoure, ni la pitié ne leur manquaient.

Or, le père d'André, ayant eu l'idée de quitter Paris, appela Augustin pour le consulter. Celui-ci excellait dans les grandes circonstances. Pour donner des conseils, pour soutenir son opinion, il retrouvait son activité de jadis,

cette activité dont il était fier, qui lui avait permis, après sa faillite, de redevenir un homme honoré.

— Aa! voici ton oncle! s'écria M. Imbert, en entendant un coup de sonnette.

L'oncle Augustin entra, la taille droite, la poitrine légèrement bombée, ganté de clair, son chapeau sur la tête, l'allure un peu solennelle.

Il jeta autour de lui un regard perspicace :

— Le petit est prévenu, n'est-ce pas? demanda-t-il à son frère.

Et s'adressant à André, déjà préparé à ce discours, il dit :

— Ton père, mon ami, a pris une résolution indispensable pour sa santé et qui, tout compte fait, n'est pas mauvaise pour toi non plus. Tu as l'âge où, quand on n'est pas riche, il faut montrer de l'énergie, une énergie indomptable. On fait tout avec de l'énergie et de l'activité, rappelle-toi ça.

Et, songeant aux luttes d'autrefois, il crispait les poings comme s'il avait encore devant lui ses créanciers menaçants :

— De l'activité, du travail, rien ne résiste au travail. Le travail terrasse tous les obstacles.

André approuvait ces paroles par de petits mouvements de tête un peu vagues. Sans être paresseux avec excès, il était plutôt d'un naturel pacifique et jamais il n'avait été saisi par ces fougues de travail que la concurrence des études suscite chez beaucoup de jeunes gens. Cependant, emporté par la gravité de la situation et les raisonnements impérieux de l'oncle Augustin, il fit un pas en avant et, d'une voix ferme :

— Oh! oui, je vais travailler, s'écria-t-il.

Augustin Imbert serra vigoureusement la main de son neveu :

— J'ai une place pour toi, chez un banquier assez sérieux, avec qui j'ai été dernièrement en relations. Cela t'occupera la plus grande partie de la journée; le soir, tu travailleras le droit et tu prépareras tes examens. Tu veilleras jusqu'à minuit si c'est nécessaire. Ainsi tu connaîtras la vie et tu seras un homme, un vrai homme... Ah! certes,

il est clair que ces fils de famille qui naissent avec
cinquante mille livres de rente s'accommoderaient mal de
cette existence, mais toi!...

— Oh! moi!... fit André.

— Bon cela! J'espère que le courage ne te manquera
pas. En réalité, en y réfléchissant, qu'est-ce que cinq ou
six heures de travail supplémentaire par jour? Nous avons
fait bien d'autres choses, nous autres... A ton âge, moi, je
dormais six heures et je ne mettais jamais les pieds dans
un café. Eh! parbleu, tu feras comme moi. Tu es bien
portant, tu n'es pas à plaindre.

André eut le geste d'un homme qui ne demande pas le
moins du monde qu'on le plaigne et pour qui les plus durs
labeurs ne sont qu'un simple enfantillage. Excité par cette
énergique approbation, l'oncle Augustin lança une dernière
phrase :

— Au fond, les gens de ta génération sont très heureux,
mon petit. Vous n'avez pas à surmonter les difficultés que
nous avons rencontrées sur notre route et la vie vous est
bien plus facile qu'à nous.

On fixa immédiatement la date du départ de M. Imbert,
qui s'était contenté, pendant cette scène, de se promener en silence, à petits pas, les mains derrière le
dos.

On convint qu'il quitterait Paris la semaine suivante,
laissant à André les meubles suffisants pour un petit
logement de garçon.

Le jour de la séparation, M. et Mme Augustin Imbert
accompagnèrent le père à la gare. Sur le quai, André,
qui jusqu'à ce moment avait évité de réfléchir à la situation
nouvelle qui se préparait, se sentit soudain pénétré d'une
tristesse aiguë. Une sueur légère lui montait au front, et
en apercevant M. Imbert qui rangeait ses bagages avec

méthode dans un coin du wagon, il comprit qu'il allait
pleurer et il se détourna brusquement.

Le cri : « En voiture messieurs! » retentit. Il prit son
père entre ses bras, murmurant
à son oreille :
— J'irai à Châtellerault l'été
prochain, n'est-ce pas ?

M. Imbert, à son tour, embrassa sa belle-sœur, puis
s'avança vers Augustin. Les deux frères alors se regardèrent en face. Ils étaient convaincus, eux, qu'ils ne se
reverraient plus, et ils se dirent, en cette seconde, des
choses plus intimes que pendant le cours entier de leur
vie. Leurs visages, qu'ils ignoraient presque, leur
devinrent tout d'un coup familiers, et de lointains souvenirs de leurs communes années de jeunesse leur
apparurent comme dans un éclair.

M. Imbert remonta dans le wagon en secouant la tête.
L'oncle Augustin, plus digne, fronçait les sourcils et tirait
ses favoris. Il ne savait pas lui-même s'il était ému.

Dès le lendemain, André fut présenté par son oncle
à M. Linières, un homme de trente-cinq à quarante ans, à
la figure jeune et toute ronde, dont le gros ventre, supporté
par de très petites jambes, pivotait sans relâche. Il avait

la réputation d'un bon garçon, jovial et serviable, tutoyait facilement les gens et se montrait familier avec les employés. D'ailleurs, il était fort habile en affaires et sa maison prospérait.

La situation matérielle d'André chez le banquier était agréable, surtout pour ses besoins et la vie fort modeste qu'il avait menée jusqu'à présent dans sa famille. En faisant six ou sept heures par jour une besogne assez variée d'écriture et de calcul, il gagnait deux cents francs par mois; il supposait qu'à la fin de l'année il obtiendrait une gratification, et il avait encore la chance de trouver peut-être, çà et là, quelque travail supplémentaire. Il se trouva donc plein de courage, et il se mit, ainsi qu'il l'avait promis à l'oncle Augustin, à continuer ses études le soir après dîner. Toutefois, à la suite du départ de son père, il s'était donné une semaine de répit, pendant laquelle il n'ouvrit pas un seul livre de jurisprudence. Il alla dans plusieurs théâtres et cafés-concerts, genre de distraction dont il était privé. Ce petit accès de paresse lui parut excusable, car, malgré la liberté dont il jouissait à la maison, l'état de son père, qu'il sentait malade, mélancolique et dégoûté de toutes choses, le préoccupait perpétuellement. Aujourd'hui, au contraire, il se le figurait heureux et reposé, dans le bien-être de la campagne, entouré de gens complaisants et simples. Aussi n'avait-il point de remords de s'amuser un peu avant d'entrer pour un long temps dans une dure période de travail.

Chaque dimanche, l'oncle Augustin avait quelques amis à dîner et l'invitait également. C'étaient des réunions monotones, qui se prolongeaient jusqu'à dix heures du soir. Un ancien caissier de son oncle, un employé de commerce, nommé Mignot, timide et chétif, et surtout une assez vieille dame, Mme Borne, et sa nièce venaient le plus fréquemment. Celle-ci était une grande jeune fille brune, presque jolie, à l'air distrait. Elle parlait rarement et ne disait que des choses insignifiantes, Mme Borne semblait avoir pour elle une tendresse sans limite et ne prononçait pas un mot qui ne se rapportât soit à sa santé, soit à son établissement. André les avait déjà rencontrées et il connaissait leur histoire. La demoiselle était orpheline; son père avait été le client d'Augustin Imbert, et depuis près de dix ans elle vivait avec sa tante qui, ne possédant d'autre ressource qu'une très faible pension viagère, se désolait à l'idée de laisser l'enfant toute seule quand elle viendrait à mourir. Son rêve était de la marier le plus tôt possible et de la mettre ainsi à l'abri de cette catastrophe.

La petite assemblée du dimanche professait pour Augustin Imbert une grande vénération. Chacun lui demandait son avis sur toutes choses, et quand il le donnait, c'était comme des paroles sacrées qui tombaient de ses lèvres. D'ailleurs, l'oncle Augustin était convaincu qu'il avait la plus profonde expérience de la vie, et il ne regrettait pas ses malheurs de jadis, car il leur devait de ne plus jamais se tromper maintenant, ni sur les hommes, ni sur les circonstances. Il en arrivait même à plaindre sincèrement les gens qui, ayant toujours été heureux, n'ont pas reçu les salutaires leçons de l'infortune.

Mme Borne l'interrogeait sur l'avenir, comme un devin, et écoutait ses paroles avec un recueillement touchant. Elle n'aurait pas fait une démarche sans l'en avertir, et agissait aveuglément d'après ses conseils. Augustin Imbert avait pour elle des sentiments analogues à ceux d'un monarque absolu pour ses sujets, et il régnait sur la tante Borne et sur sa nièce, ainsi que sur le vieux

caissier, l'employé de commerce Mignot, sa propre femme
et, à présent, sur André.

Or, il avait fait récemment une découverte d'une importance capitale : Mignot aimait Mlle Henriette. L'oncle
Augustin avait reconnu ce détail à des signes qui ne
pouvaient tromper un regard aussi pénétrant que le
sien. L'employé avait précisément l'âge, trente-cinq ans,
auquel, dans sa pensée, il était urgent qu'un homme se
mariât. Il l'interrogea donc avec son autorité habituelle.
Mignot avoua ses ambitions et l'oncle Augustin lui répondit :

— Je le savais.

Alors il décida que le mariage aurait lieu deux mois
exactement après cette conversation,

Le consentement de Mme Borne fut facile à obtenir.
En quelques minutes, elle adora Mignot et jugea que
c'était tout à fait le mari qui convenait à sa nièce, doux, travailleur et bien placé dans une maison de commerce solide.

Ce projet ne rencontra une certaine opposition que chez
Henriette. En vain, la tante Borne s'appliqua à faire res-
sortir tous les avantages d'une union avec l'employé, Henriette demanda à réfléchir avant de se prononcer.

— Mais, ma chérie, combien de temps veux-tu réfléchir?
dit la vieille dame, abattue déjà par ce semblant de résistance.

— Je ne sais pas. Pourquoi tant se presser?

— Enfin, malgré tout, je peux dire à M. Imbert que tu
acceptes...

— Non, ma tante, non, reprit fermement la jeune fille;
il ne faut pas lui dire cela, parce que, véritablement, je
n'en sais rien moi-même.

— M. Imbert ne va pas être content. M. Mignot est un
de ses amis.

— M. Imbert est assez raisonnable, ma tante, pour ne

pas se froisser d'une chose aussi naturelle. Quant à épouser M. Mignot sans le connaître un peu, ça!...

— Tu le vois tous les dimanches! s'écria la vieille dame.

— Je ne l'ai pas regardé deux fois. Ah! il n'est pas bien intéressant.

La tante Borne était tombée dans un fauteuil, toute navrée.

— Un mariage qui arrangeait tout, qui me permettait de mourir tranquille, de n'être plus inquiète sur toi!...

Henriette vint l'embrasser :

— Tu parles tous les jours de mourir, ma pauvre tante, et tu ne t'es jamais si bien portée.

— Un accident...

— Il n'y aura pas d'accident. Ne te tourmente donc pas comme ça.

— Que vais-je dire à M. Imbert, moi?...

Mais Augustin Imbert, loin de s'irriter de ce contretemps, rassura au contraire Mme Borne :

— Ce retard était prévu dans mes calculs, chère madame. Comment pouvez-vous admettre qu'une jeune fille accepte d'emblée un prétendu?... Vous ne connaissez donc pas les jeunes filles?

La tante hocha la tête en signe d'admiration, et M. Imbert poursuivit :

— Il était fatal, chère madame, que Mlle Henriette demanderait à se recueillir, à se consulter avant de tendre la main à Mignot. Je le savais, et la preuve en est que j'ai fixé le mariage à deux mois et non à trois semaines, durée stricte des formalités légales. Ne mettez donc personne dans cette confidence, ne discutez pas inutilement avec votre nièce; attendez. Ce mariage est conclu d'avance.

— Hein! ma tante, qu'est-ce que je te disais! fit Henriette en apprenant le résultat de cette démarche, M. Imbert comprend, lui!

Et. durant toute la semaine, il ne fut plus question de Mignot, ni d'un changement quelconque d'existence.

Le dimanche, lorsqu'André arriva chez son oncle à l'heure du repas, il trouva Mme Borne et Henriette qui causaient dans le salon avec Augustin Imbert. Mme Imbert, silencieuse, disposait des tasses sur une petite table.

Après avoir frappé amicalement sur l'épaule de son neveu, comme pour le féliciter de son exactitude et de sa bonne conduite, l'oncle Augustin dit :

— Nous parlions de Mignot.

André s'inclina, sans paraître atta-cher une grande importance à ce sujet de conversation; mais Au-gustin Imbert continua :

— Je racontais à ces dames di-vers épisodes de la vie de Mignot, qui est un garçon du plus bel avenir. Il ira loin, très loin.

Alors, pendant qu'Augustin Imbert, prolongeant pour ainsi dire sa phrase dans sa pensée, semblait suivre à travers le temps la carrière de Mignot, il perçut de son côté la voix de son neveu qui disait :

— Il a l'air un peu poitrinaire.

Mme Borne se renversa sur sa chaise; mais, soudain, on vit l'oncle Augustin se dresser d'un seul mouvement et s'avancer vers André, les sourcils froncés, l'œil dur, le bras tendu dans une attitude oratoire :

— Tu es fou, n'est-ce pas? tu es fou! s'écria-t-il. Ou bien tu t'es permis de venir chez moi dans un état voisin de l'ébriété.

André, qui ne prévoyait pas cette sortie et qui avait parlé machinalement, fit des gestes vagues et remarqua, par un regard jeté autour de lui, que Mlle Henriette souriait en détournant la tête. Augustin Imbert continua :

— Car je ne parviens pas à expliquer autrement que tu aies prononcé des paroles aussi monstrueuses, aussi fantastiques! Ainsi, voilà un homme que tu connais à peine, dont tu ignores la famille et la vie, et toi, simple étudiant, pas même en médecine, mais en droit, tu viens dire ici, parmi ses meilleurs amis, qu'il a l'air poitrinaire! Et ce qu'il y a de plus extravagant, c'est que tu as dit ce mot au hasard, sans y songer, sans comprendre... Ah! c'est effrayant et je suis épouvanté de l'avenir que tu te prépares.

Et, en effet, André ne pouvait pas adresser à son oncle une plus grave insulte. Il aurait soutenu que ce n'est pas la plus admirable chose du monde que de se réhabiliter et de payer tous ses créanciers, après avoir fait faillite, qu'il ne l'aurait pas atteint dans un endroit plus sensible. Il balbutia des excuses que M. Imbert n'entendit pas.

— Ah! si c'est avec ces idées-là que tu traites les affaires et que tu diriges ta vie, je crois, mon pauvre garçon, que tu mèneras une triste existence.

Et il le regarda avec un mépris mêlé de pitié. Cependant, Mme Imbert, toute tremblante de cette scène, avait entraîné les autres convives dans la salle à manger, d'où l'on entendit encore quelques minutes la voix de l'oncle Augustin qui accablait André tantôt de sa colère et tantôt de son ironie dédaigneuse.

Enfin, l'heure du repas sonna. André et son oncle vinrent s'asseoir.

Celui-ci semblait avoir pardonné à la longue, et de toute la soirée ne fit aucune allusion aux imprudentes paroles du jeune homme.

— Avoue, ma tante, dit Henriette en rentrant, que c'était bien drôle. Il est heureux que M. Mignot n'ait pas été invité aujourd'hui; je n'aurais pas pu le regarder sans rire.

— J'espère, Henriette, répliqua sévèrement Mme Borne, que tu ne crois pas un mot?...

— Non, je ne crois pas, mais M. André a été bien drôle tout de même.

Et elle répéta d'un ton comique : « Poitrinaire! »

— Le fait est, ajouta-t-elle, que véritablement il en a un peu l'air.

— Écoute, Henriette, dit Mme Borne, si tu ne veux pas me rendre malade, je te prie de t'arrêter.

André les rencontra toutes les deux, le dimanche suivant, devant la maison de l'oncle Augustin, au moment où elles allaient monter. Il les salua et se disposait à leur dire quelques paroles banales, quand il se rappela l'incident de la semaine précédente. Alors, il adressa des excuses à Mme Borne.

— Je vous demande pardon, madame, de la sottise que j'ai dite dimanche dernier. Mon oncle, depuis, m'a appris la nouvelle, et vous devez comprendre combien je regrette...

La tante Borne sourit, mais Henriette fit, assez brusquement :

— Que vous a-t-il donc appris, M. Imbert?

Tandis que Mme Borne lançait à sa nièce un regard inquiet, André répondit en s'inclinant légèrement :

— Votre mariage avec M. Mignot, mademoiselle.

Henriette résista à sa tante, qui essayait de l'entraîner dans l'escalier pour couper court à la conversation.

— Voilà que M. Imbert annonce ce mariage à tout le monde, maintenant! s'écria-t-elle. C'est votre oncle, monsieur, continua-t-elle, en parlant à André, qui a eu cette idée. Mais ni ma tante ni moi n'avons donné notre consentement, et cela n'est pas sûr du tout...

— Voyons, Henriette, reprit Mme Borne en montrant le trottoir où elles se trouvaient, tu m'avoueras que ce n'est guère le lieu ici de causer de ces choses-là. Allons, nous sommes en retard.

La jeune fille suivit sa tante, en murmurant :

— C'est agaçant! Ne dirait-on pas que ce mariage se fait demain matin!

« Cette petite fille, songea André, n'est pas aussi simple que je le supposais. » Et il s'amusa, intérieurement, à la pensée que les projets de son oncle ne marcheraient pas sans difficultés.

M. Mignot assistait cette fois-ci au repas du dimanche. André n'avait jamais aussi bien remarqué la figure plate et maladive de l'employé, sa tournure gauche, la bêtise de ses paroles. Elle, était certes d'une race infiniment supérieure, une de ces natures qui peuvent sembler longtemps insignifiantes, tant qu'on ne les voit pas sous le jour qui leur convient et qui, placées tout d'un coup dans des circonstances favorables, se développent, s'animent, apparaissent pleines de vie et de surprises.

André ne se les représentait pas unis tous les deux, ou, du moins, il n'arrivait pas à se figurer quelle sorte de ménage ils formeraient. C'étaient deux êtres d'aspect trop différent. Et si jamais, par la suite des circonstances, Henriette acceptait la main de l'employé, le pauvre homme serait vite dompté et soumis, comme un animal sans force. Il vint même à l'esprit d'André quelques réflexions peu bienveillantes sur son avenir conjugal. Mais il considéra Henriette. Non, pourtant, elle ne donnait pas l'impression d'une femme capable de tromper vulgairement son mari.

Ses yeux étaient bons,
malgré leur vivacité ; elle
était, par les lignes aima-
bles de son visage, par les gracieux mouvements de son
buste, trop distinguée et trop fine pour se résigner à une
destinée aussi pitoyable que d'épouser un nigaud et de le
couvrir ensuite de ridicule.

Cette soirée fut plus morne que les autres. Nul n'osait
faire allusion aux projets d'Augustin Imbert, que celui-ci
n'avait pas encore déclarés officiels. André revint chez lui,
la tête alourdie par des conversations monotones et
puériles, par la contrainte qu'il était obligé de s'imposer à
côté de son oncle. D'habitude, le dimanche, il allait dans
un café retrouver des camarades avant de se coucher. Il
rentra directement, onze heures sonnant à peine, dans la
petite chambre qu'il occupait et dont son père lui avait
laissé le mobilier. Il se déshabilla avec lenteur en fumant
des cigarettes et jeta ses vêtements un à un sur une chaise,
d'un air las.

Il ne réfléchissait à rien de précis : il était dans cet état
où l'on se sent comme environné d'ennuis invisibles et

fatigué sans raison. Un souvenir de son père lui traversa l'esprit. Il avait reçu le matin une lettre de lui, quelques mots écrits à la hâte ; une lettre banale et inutile, dépourvue de tendresse et d'intimité. En deux mois à peine, M. Imbert était redevenu un petit bourgeois de village, comme s'il n'avait jamais habité Paris, comme s'il n'avait jamais quitté son pays natal, comme s'il avait subitement perdu la mémoire de tout ce qui lui était arrivé dans sa vie. Sa femme morte, son fils seul, dans une situation incertaine et précaire, les durs moments franchis ensemble, il n'y avait jamais dans ses lettres un écho de tout cela. M. Imbert n'envoyait à son fils d'autre preuve d'intérêt que de lui recommander le travail et de ne pas oublier ses examens.

En se retournant, André aperçut sur sa table un livre de droit entr'ouvert ; il se rappela qu'il ne l'avait pas feuilleté depuis trois jours et qu'en réalité, depuis le départ de son père, malgré les fortes résolutions du début, il n'avait presque pas étudié, non par paresse, mais comme sans s'en apercevoir, sans s'en rendre compte, croyant peut-être même qu'il travaillait.

Et, pour la première fois, il songea qu'il aurait grand mal à mener de front l'étude difficile du droit et ses occupations chez le banquier ; qu'il lui faudrait en tout cas une énergie extraordinaire. Serait-il un jour obligé d'opter, d'abandonner son ambition d'avocat pour suivre une profession plus immédiate ? Et alors, laquelle ? La banque, comme Linières, ou quelque autre carrière qu'il ne soupçonnait pas encore !

Ces diverses suppositions se présentèrent alors avec netteté. Quoique son éducation, faite à l'aventure et sans dessein préalable, au milieu d'une famille continuellement besogneuse et inquiète, lui eût laissé un caractère encore indécis que les moindres circonstances troublaient et modifiaient sans cesse, il se trouvait par hasard ce soir-là en un de ces instants, rares d'ailleurs et précieux, où aucun être intelligent ne peut écarter sa pensée. Plus forte que nous et devenue comme extérieure, elle nous contraint à regarder des choses que nous voudrions croire indifférentes et sans importance, à chercher le sens des événements qui nous conduisent; elle nous donne, pendant quelques minutes, une gravité silencieuse et pénible. Puis, le bruit nous envahit de nouveau, nos idées habituelles recommencent à circuler en nous, et il ne nous reste de ces crises rapides, revanches de notre esprit, qu'un peu plus d'incertitude et de fragilité.

André s'endormit parmi ce bourdonnement de réflexions confuses, et le lendemain, à l'heure accoutumée, se rendit à son bureau, machinalement.

Linières occupait une douzaine d'employés environ qui avaient entre eux d'assez bons rapports, car ils faisaient des besognes distinctes et ne pouvaient espérer d'avancement les uns sur les autres. Le plus voisin d'André s'appelait Emile Lebeau. Les deux jeunes gens n'avaient pas tardé à se fréquenter et, en peu de temps, ils étaient devenus tout à fait camarades. Émile Lebeau avait une liaison avec une ouvrière d'une grande maison de modes, nommée Marthe, d'une figure éveillée et gentille, et ils vivaient tous deux en ménage depuis plusieurs années. C'était, lui, un garçon de vingt-huit ans, très doux et extraordinairement craintif; il avait eu de la fortune et mené d'abord une existence indépendante et oisive. Puis, des désastres s'étant abattus sur lui et sur sa famille, il fut obligé d'accepter une position subalterne. Il n'avait aucune confiance, ni dans son avenir ni dans sa santé; il était convaincu qu'il mourrait jeune, sans ressources et

malheureux. Comme, en réalité, ces pressenti-ments ne re-posaient sur rien et semblaient pure imagination, cela lui donnait un côté comique. Ses amis et sa maîtresse le plaisantaient sur sa poltronnerie et André, avec qui il dînait parfois, lui disait en riant :

— Eh bien! et moi alors, qu'est-ce que je dirai? Est-ce que vous supposez que j'attends un héritage?

— Vous, vous êtes bien avec le patron. Il ne vous lâchera jamais... mais moi...

— Mais, vous aussi, mon pauvre ami, vous êtes bien avec lui, aussi bien que moi... Vous vous forgez des idées...

— Il est fou! finissait par murmurer Marthe, avec un mouvement de pitié.

Émile Lebeau connaissait un peu Mignot, et le nom de l'ami d'Augustin Imbert étant tombé dans une de leurs conversations, André dit :

— Je crois qu'il va se marier.

— Avec qui? demanda Marthe.

André se rappela alors que c'était encore un secret; mais elle insista, et il répondit :

— Avec une jeune fille qui vient tous les dimanches chez mon oncle.

— Est-elle jolie?

Sans hésitation, André répliqua :

— Moi, je la trouve très jolie. Et même, continua-t-il, en regardant Marthe, c'est assez curieux, et je ne l'avais pas remarqué, vous vous ressemblez.

— Merci! dit-elle.

— Seulement, elle a la physionomie beaucoup plus sérieuse que vous, mais je suis sûr que quand elle rit elle doit vous ressembler étonnamment.

— Vous nous tiendrez au courant des événements? dit Marthe, qui s'intéressa dès lors au mariage de Mlle Henriette... Mais quelle bizarre idée d'épouser Mignot! Un être nul!

— Elle n'en a pas grande envie, d'ailleurs, autant que j'ai pu m'en apercevoir, dit André.

— A la bonne heure!

L'oncle Augustin vint voir son neveu au bureau dans le courant de la semaine — faveur qu'il lui accordait rarement.

— J'ai un mot à te dire, mon garçon. Dimanche prochain, par exception, absolument par exception, il vaudra mieux que tu ne viennes pas dîner à la maison. Je n'aurai que Mme Borne, sa nièce et Mignot. Tu sais maintenant que Mignot doit épouser Mlle Henriette : il est donc nécessaire qu'ils se connaissent davantage, et c'est pourquoi je veux les faire dîner ensemble de temps en temps. Dès que la date de la cérémonie sera fixée — ce qui ne tardera pas — nous reprendrons nos dîners ordinaires. Je crois même que de dimanche en huit, je serai en mesure de l'annoncer officiellement.

En une autre occasion, André eût considéré cet exil

comme fort avantageux; mais il éprouva une sorte de déception de ne plus être mêlé à l'histoire de ce mariage qui, dans l'entourage d'Augustin Imbert, commençait à défrayer toutes les conversations. « Quel imbécile, ce Mignot! » murmura-t-il. Et il continua en lui-même : « Elle a donc cédé? Évidemment, elle sera forcée de céder. Une jeune fille finit toujours par se laisser marier. Il n'y a pas de résistance possible. Je vois mon oncle d'ici. Après dîner, il les prendra par la main, ma tante les embrassera, Mme Borne fondra en larmes... Ce sera un joli tableau. »

Le lundi, à la sortie du bureau, poussé par la curiosité de savoir ce qui s'était passé la veille, il se rendit chez son oncle, qu'il trouva causant des événements avec Mme Imbert. Celle-ci prétendait qu'Henriette s'était montrée toute la soirée de la dernière froideur avec son futur époux ; d'après l'oncle Augustin, au contraire, cette attitude était un signe excellent qui ne dérangeait pas ses calculs.

— M. Mignot paraissait désolé, déclara Mme Imbert.

Augustin haussa les épaules.

— Mignot est un aimable garçon, très travailleur, mais il n'a pas l'expérience de ces choses-là. Mme Borne est enchantée de ce mariage. C'est l'essentiel.

André entra et il cherchait un moyen de demander des nouvelles, quand son oncle lui dit :

— Tiens, André, puisque te voici, va donc jusque chez Mme Borne, qui demeure à deux pas, et prie-la de venir me trouver. J'ai oublié de lui dire quelque chose, hier.

La vieille dame habitait, au cinquième étage d'une maison voisine, un appartement étroit, mais propre et clair, garni des mêmes meubles qu'elle avait rapportés autrefois de province. André fit la commission.

— J'y vais tout de suite, dit Mme Borne.

Elle s'éloigna un instant pour mettre son chapeau et André demeura seul avec Henriette qui ne paraissait pas gênée de cette visite inattendue.

— Comment vous portez-vous depuis l'autre jour, monsieur? dit-elle à André.

Celui-ci répondit :

— Fort bien, mademoiselle, je vous remercie.

Et, s'enhardissant :

— Vous êtes-vous amusée hier soir, chez mon oncle?

La figure d'Henriette devint gaie.

— Comme à l'ordinaire, reprit-elle.

Mme Borne parut dans le salon, prête à sortir. Et Henriette, qui aimait évidemment ce genre de taquineries, continua :

— M. André me demande si nous nous sommes amusées hier au soir chez M. Imbert. Je lui réponds que nous nous sommes amusées beaucoup, ajouta-t-elle avec un accent sérieux. N'est-ce pas, ma tante?

D'un ton sec qui n'allait pas à sa physionomie ronde et douce, Mme Borne répliqua :

— Qu'y a-t-il d'étonnant à cela?

Elle se retourna vers André et, d'un ton plus aimable :

— Monsieur Imbert, je vous suis. Vous êtes bien gentil d'être venu nous voir.

Alors elle embrassa sa nièce, ayant déjà oublié son petit accès de mauvaise humeur. Henriette les accompagna dans l'antichambre, tendit la main à André, et celui-ci, pendant qu'elle fermait la porte derrière eux, aperçut la figure de la jeune fille qui se retirait dans l'ombre en souriant.

André conduisit Mme Borne chez son oncle, puis il s'en alla. Il marchait d'un pas rapide, comme s'il était pressé d'arriver, et il n'allait nulle part. Il n'avait rien à faire de toute la soirée et il repassa dans sa mémoire les incidents auxquels il venait d'être mêlé, si petits, si inutiles, mais qui, pourtant, l'occupaient. Quel dommage qu'Henriette ne fût pas une petite ouvrière, comme Marthe, libre d'elle-même, pouvant se donner, au hasard d'une rencontre, à quelque garçon qui lui plairait !

Maintenant, après les réunions hebdomadaires de l'oncle Augustin, il restait énervé et mécontent. Un mystère planait ; nul ne semblait être au courant des choses. M. Imbert prononçait des paroles plus profondes encore que de coutume ; Mignot avait, depuis quelque temps, l'aspect d'un homme qui est gêné dans ses habits ; Mme Borne jetait à sa nièce des coups d'œil suppliants. Les convives, en général, s'ennuyaient. Henriette, seule, avait un air naturel. Chaque dimanche, André s'attendait à l'annonce officielle des fiançailles. Il lui demeurait dans l'esprit une sorte d'obsession agaçante. Henriette avait cessé d'être pour lui une jeune fille indécise et quelconque. Il connaissait à présent ces yeux d'un gris clair dont les lueurs glissaient sur le teint presque mat, les mains nerveuses et fines, et le cou agile qui s'inclinait gracieusement. Le souvenir lui en était devenu familier parmi ses travaux habituels, et l'idée qu'ils allaient appartenir à un autre qu'à lui-même commençait à lui être pénible.

Quelle union absurde ! Est-ce que, vraiment, dans peu de jours, elle serait la femme d'un employé gauche et lourdaud ? Le mariage était-il enfin décidé ? En tous cas, il paraissait inévitable.

Ce fut une fois, dans l'antichambre à moitié obscure de l'oncle Augustin, au milieu des invités qui prenaient leurs chapeaux, que leurs yeux se rencontrèrent et se croisèrent ensemble sur la même pensée, avec ce regard si pareil aux autres regards et si différent qu'il semble que deux êtres ne

sont plus désormais inconnus l'un pour l'autre, et que le
voile épais qui cache nos âmes en est brusquement déchiré.

Et cette fois-ci, André vit bien qu'il ne pouvait plus se
contenter des réflexions vagues de ces jours derniers. Un
fait venait de se produire qui exigeait un raisonnement immédiat. C'était le mariage qu'il lui fallait discuter en lui-même,
un mariage avec Henriette, à vingt-quatre ans, gagnant
deux cents francs par mois dans une place qu'il n'avait
d'ailleurs aucune certitude de conserver toujours. N'était-
ce pas là simplement une de ces idées fantaisistes où s'amuse
notre imagination, qu'elle crée et qu'elle abandonne aussi
vite, et qui défilent en nous, imprévues comme des rêves ?
Pourtant celle-là le tenait, remuait sa volonté, s'imposait
avec force. Elle combattait l'insouciance qui présidait à sa
conduite, à ses actes habituels ; non cependant cette insouciance grossière qui semble un défi à la misère d'autrui et
qui n'est qu'une faiblesse égoïste et résignée, mais celle que
donne à certains esprits bien portants et lucides la difficulté
d'agir.

Car, tantôt, de hautes ambitions le saisissaient et il
concevait un avenir fécond et brillant ; tantôt, considérant
la monotonie de sa vie actuelle, les obstacles qui barraient
sa route, le manque d'argent, les besognes vulgaires qui nous
donnent le pain, il se voyait un jour dans une situation
médiocre et déchue.

Mais ce mariage aujourd'hui, au début de sa carrière, cette
union avec une jeune fille dénuée, comme lui, de fortune, et
destinée peut-être à un sort plus dur encore, ne constituait-il
pas, au contraire, un acte énergique ? N'en allait-il pas sortir
plus courageux et plus fier ? Et qui sait si cet amour qui
l'avait soudainement conquis n'était pas précisément ce qui
lui manquait pour vivre d'une vie plus intéressante et plus
large ?

L'aimait-elle également? Allait-elle consentir à rompre un mariage à peu près décidé? Le lendemain, il se promena pendant deux heures aux alentours de la maison de Mme Borne et finit par la rencontrer avec sa nièce, il s'avança vers elles, rapidement, les salua, et il vit au visage d'Henriette et à sa propre émotion que, la veille, il ne s'était pas trompé. Dès lors, il cessa de s'interroger sur lui-même, de se perdre en réflexions confuses; ses inquiétudes n'existèrent plus. Il se trouvait en présence d'une action à accomplir immédiatement, et autant il était incertain sur la direction générale de sa vie, autant il était capable de s'abandonner brusquement aux déterminations les plus graves, étant de ces gens en qui se contrarient l'irrésolution de l'esprit et un instinct viril, que le moindre conseil impressionne et détourne de leur but et qu'on voit tout d'un coup prendre des décisions imprévues, s'expatrier, changer de profession, montrer pendant quelques instants une audace surprenante.

Placés tous les deux sur le chemin que le hasard venait de leur découvrir, ils ne s'arrêtèrent plus. Chacun de leurs regards contenait des promesses et des aveux; de furtifs serrements de main les rapprochaient avec violence; leur amour s'élevait en eux comme pièce à pièce, et dans les soirées vulgaires de l'oncle Augustin, devant les invités inattentifs, ils se comprenaient subtilement.

Un soir, André descendit en même temps qu'Henriette et Mme Borne, et celle-ci, ayant oublié de dire quelque chose à M. Imbert, remonta un étage, le laissant seul un instant avec la jeune fille. Leurs mains se trouvèrent enlacées et André murmura :

— Voulez-vous être ma femme, Henriette?

Elle lui répondit par un léger frémissement de ses doigts. A ce moment on entendit le pas de Mme Borne et André se hâta d'ajouter :

— *Voulez-vous être ma femme, Henriette*

— Je serai chez votre tante demain à six heures.

Il les quitta à la porte et rentra chez lui. Et, comme les obstacles qui allaient surgir, les complications qui allaient se produire en foule accouraient dans son esprit, il s'appliqua à n'y pas songer jusqu'au lendemain, après la démarche décisive.

Il la fit avec simplicité, à la sortie de son bureau.

— Eh! bonjour monsieur André, s'écria Mme Borne en l'apercevant, est-ce que vous venez de la part de votre oncle?

— Non, madame, reprit-il; j'ai à vous parler pour mon compte.

Henriette se retira en lui faisant un petit signe de la tête.

— Qu'avez-vous à me dire, monsieur André? Il ne faut pas vous gêner avec moi.

Et, comme il se taisait, Mme Borne eut une idée subite. Elle crut que le jeune homme avait fait des dettes et que, n'osant pas les avouer à son oncle, il venait lui emprunter de l'argent. Elle le regarda avec bienveillance.

— Eh! je sais ce que c'est que les jeunes gens... Votre oncle n'est peut-être pas bien généreux avec vous, n'est-ce pas?

« Pourquoi me dit-elle cela? » pensa André.

— Et alors, reprit Mme Borne, convaincue d'avoir deviné, vous avez fait quelques petites folies. C'est bien excusable à votre âge, monsieur André... J'espère que ce n'est pas une grosse somme, car, moi non plus, je n'en ai pas beaucoup, d'argent.

— Chère madame Borne, dit gaiement André en lui serrant la main, je vous remercie, mais il ne s'agit pas de cela.

— De quoi donc, alors?

La vieille dame, étonnée, se leva. André prit aussitôt une figure sérieuse.

— Vous n'avez pas d'antipathie contre moi, madame Borne ?

— Comment voulez-vous, mon Dieu....? Au contraire, monsieur André.

— Moi, j'ai de l'affection pour vous, madame... et quant à votre nièce, à Mlle Henriette, continua-t-il en rougissant un peu... je l'aime aussi... oui... je l'aime et je viens vous demander de l'épouser.

Elle s'écria en le regardant fixement :

— Eh! bon Dieu! mon pauvre monsieur André, vous devenez fou! Henriette est promise et puis... et puis... Vous plaisantez, n'est-ce pas? Vous savez bien qu'Henriette va épouser M. Mignot?

— Non, fit doucement André.

— Vous ne le saviez pas ?

— Je veux dire que Mlle Henriette ne va pas épouser M. Mignot.

Alors la jeune fille entra, s'avança vers sa tante et lui mit ses bras autour du cou.

— Répète-le donc toi-même à M. André, dit la tante Borne.

D'un mouvement souple et lent, Henriette tendit la main à son ami et murmura :

— Il a raison, je ne veux pas épouser M. Mignot.

La tante Borne se laissa tomber dans un fauteuil.

3

— Mon Dieu! mon Dieu! Qu'est-ce qui m'arrive?... Je ne rêve pas?...

— Nous nous aimons, madame Borne, dit André en baissant la voix, et nous voulons nous marier.

Elle se redressa, comme si ce mot lui eût donné de l'énergie.

— Ne continuez pas à me dire des choses pareilles, si vous ne voulez pas que ma raison s'en aille.

Et, les voyant tous les deux rapprochés et émus, elle les appela, presque malgré elle : « Mes enfants, mes pauvres enfants, » et ajouta d'une voix attendrie :

— J'espère que vous allez devenir raisonnables, ou bien nous sommes perdus.

André profita de cet instant de répit pour exposer la situation.

— Je vous assure, chère madame Borne, dit-il en souriant, que je serai pour votre nièce un mari aussi bon que M. Mignot. Je gagne ma vie. M. Mignot est donc si riche que cela?

— Mais vous, mon pauvre petit, vous n'avez rien.

— Je suis jeune, madame Borne... et j'ai autant d'avenir que lui, allez!

— Hé! voilà une aventure! s'écria la vieille dame en manière de conclusion.

Et, repartant de nouveau :

— Qu'est-ce que dirait votre oncle s'il entendait ces folies, mon pauvre garçon? Mais n'ayez crainte, je ne les lui raconterai pas...

— Je les lui raconterai, moi.

— A M. Imbert!

— Dame!

— Et votre père?

— Je vais lui demander son consentement... et je suis sûr qu'il me le donnera.

— Ah çà! recommença Mme Borne, d'un accent cette fois désespéré, c'est donc sérieux?

Henriette, se mêlant alors à la conversation, déclara simplement :

— Nous n'attendrons plus que ton consentement, ma petite tante.

Mme Borne poussa un grand soupir et elle continua en larmoyant :

— Vous faites une chose terrible, monsieur André. Savez-vous l'existence que nous menons, Henriette et moi, depuis que son père est mort, voilà dix ans? Mon pauvre frère n'avait rien laissé, monsieur André, absolument rien. Il avait été malheureux dans ses entreprises. Moi, je n'ai qu'une pension viagère de moins de deux mille francs, et si je mourais, fit-elle en désignant la jeune fille, elle serait sans ressources. Je l'ai élevée comme j'ai pu et elle s'est toujours bien portée malgré nos ennuis. Elle était sauvée par ce mariage, aujourd'hui, monsieur André, sauvée... tandis que si elle vous épouse, monsieur André, qui sait toutes les aventures que vous aurez, pauvres petits? J'en frémis, allez!

— Que diable voulez-vous qui nous arrive, madame Borne? Nous ne sommes pas les premiers qui se marieront sans argent. Ça se gagne, l'argent.

— J'espère que votre oncle vous fera entendre raison; car, moi, il ne faut pas compter que je lui parlerai. Je n'oserai pas, voyez-vous.

— Je vais aller le trouver, fit André.

— Tout de suite?

— Oui.

Mme Borne prit entre ses bras la jeune fille et l'embrassa, les larmes aux yeux, murmurant :

— Ah! mon Dieu, mon Dieu...

Elle avait la figure pâle et les cheveux collés sur les tempes, l'air bouleversé comme après un évanouissement. Sur un regard d'Henriette, André, à son tour, l'embrassa aux deux joues; elle lui rendit cette caresse machinalement : puis André les quitta toutes les deux.

Arrivé devant la porte de M. Imbert, il se ravisa, et, au

lieu de monter, décida d'écrire à son oncle et d'attendre les événements. Il rédigea une longue lettre dans sa chambre, descendit la mettre à la poste et rentra se coucher.

Le lendemain, en sortant du bureau, il trouva l'oncle Augustin qui l'attendait sur le trottoir. M. Imbert tenait à la main la lettre de son neveu.

— J'ai supposé un instant, dit-il d'un ton ironique, que ce papier était l'œuvre d'un de ces mystificateurs dont les journaux racontent les prouesses. A tout hasard, je suis allé chez Mme Borne et j'ai vu ces deux malheureuses. C'est fort curieux.

André marchait à côté de lui, cherchant des paroles conciliantes. Il était préparé pour le cas où Augustin Imbert se mettrait dans une colère terrible, ainsi qu'il le supposait. Il n'avait pas prévu cet accent écrasant de mépris.

— Tu croyais peut-être, mon garçon, continua M. Imbert,

que je te ferais de la morale, que j'entraverais tes projets autant qu'il serait en mon pouvoir. Non, jeune homme, j'ai
soutenu dans ma vie d'autres luttes que celle-là, ajouta-
t-il en ricanant d'une façon accablante pour André. Et ce n'est
pas à mon âge que je vais m'amuser à empêcher le mariage
de Mlle Borne avec un étudiant en droit nommé André
Imbert...

— Permettez-moi de vous dire... commença André.

— Inutile, mon garçon, inutile... Marie-toi. Chacun agit
dans la vie suivant sa petite expérience. Tu verras plus tard
où mène ce genre de plaisanteries... Marie-toi donc. Tu ne
rencontreras aucun obstacle de ma part, ni de la part de ton
père. Je le connais, ton père. Il t'enverra son consentement
par le retour du courrier. Il est très drôle, ton père.

André balbutia vaguement, étourdi par ces discours:

— Je vous remercie, mon oncle.

Augustin Imbert le considéra avec un mépris définitif, et,
en le quittant:

— Tu peux te dispenser de m'envoyer la moindre lettre
ou de compter sur moi pour la cérémonie. Adieu, mon
garçon.

Et il disparut en faisant entendre un petit ricanement sec.

« Il est impossible avec son expérience de la vie, songea
André un peu nerveux. Ne dirait-on pas que je commets
une action monstrueuse? » Et puis, chacun ne tire-t-il pas
de la vie des expériences différentes? Certains vieillards voudraient qu'on les écoutât uniquement, qu'on les nommât
professeurs d'existence pour jeunes garçons, et qu'ils fussent
chargés de donner des conseils dans toutes les circonstances. Mais la vie, n'est-ce pas la vie elle-même qui nous
l'apprend à coups de marteau sur la tête? Et nous mourrons
tous assommés, sans avoir compris.

André perdit ses inquiétudes en voyant Henriette...

Mme Borne avait eu une nouvelle conversation avec M. Imbert. Celui-ci avait déclaré qu'elle ne devait pas se faire d'illusions et que rien, en réalité, n'empêcherait ce mariage.

— Votre volonté le retarderait, c'est évident, madame... Mais êtes-vous bien capable...?

Mme Borne baissa le front. Elle n'était capable d'aucune résistance.

Et, dès ce moment, elle entra comme dans un rêve, ne cherchant plus à comprendre aucune des choses qui se passaient autour d'elle. Accablée par les événements inexplicables qui s'étaient produits si soudainement, elle se laissa entraîner, sans secousse. Un coup de baguette magique frappé par quelque démon avait tout transformé à ses côtés. Elle était dans un autre pays, les gens avaient des figures nouvelles; ils parlaient une langue dont le sens lui échappait parfois, ils souriaient d'une façon étrange qui l'inquiétait. Eh quoi! ce garçon discret et timide, cet élève jusqu'alors soumis de l'oncle Augustin qu'elle apercevait à peine deux ou trois jours par mois, était assis maintenant auprès d'Henriette! Il lui embrassait les mains; leurs regards se caressaient, ils semblaient se connaître depuis les temps les plus anciens.

C'étaient là, pour la tante Borne, les signes d'une catastrophe prochaine et inévitable. Quand, devant elle, Henriette et André faisaient des projets, causaient de leur installation future, elle éprouvait un peu de cette angoisse et de cet effarement que lui inspiraient les acrobates traversant le vide sur une corde raide, à une grande hauteur du sol. Elle les suivait de l'œil, le cœur oppressé, comme s'ils allaient tomber tout à coup et se briser le crâne.

D'ailleurs, Augustin Imbert l'entretenait dans ces terreurs. Il envisageait froidement la situation : il lisait dans l'avenir. Le mariage aurait lieu, et bientôt ce serait la

misère, le malheur, peut-être pis. André, en réalité, n'aimait
pas le travail. Il manquait d'énergie : les continuels retards
qu'il avait eus dans ses études le prouvaient bien.

— Vous n'ignorez pas, d'autre part, chère madame,
qu'à la mort même de son père, André n'aura pas plus de
ressources qu'il n'en possède aujourd'hui. Quant à moi, je
ne suis pas un oncle comme on en voit dans les théâtres,
je ne vais pas vous dire que je déshérite mon neveu, mais
je n'en sais rien. Cela est possible et dépendra de mes
réflexions ultérieures. Il se pourrait parfaitement que je
laisse plus tard ma fortune pour établir une de ces œuvres
utiles, fécondes...

Il s'arrêta en apercevant Mme Borne qui sanglotait.

— Remarquez bien, ma chère amie, que vous n'êtes en
aucune façon responsable de ce qui arrivera. Vous n'avez
pas la volonté d'un homme, vous ne pouvez pas l'avoir.
Votre nièce ignore absolument les choses de la vie, et vous
l'aimez au point d'être incapable de la contrarier. C'est
mon neveu qui est un petit drôle et un imbécile. C'est lui
qui portera la responsabilité de cette aventure.

Au milieu de la discussion, Mignot entra. Il était désolé
et ne cessait de se plaindre à M. Imbert de la cruelle
déception qu'il éprouvait. Mme Borne lui prit les deux
mains.

— Ah! mon pauvre monsieur Mignot, murmura-t-elle.

L'employé hocha la tête et soupira :

— J'avoue que je ne m'y attendais pas.

Augustin Imbert alors lui frappa sur l'épaule avec amitié.

— Ne vous découragez pas, Mignot.

Et d'un air profond :

— Nous avons le divorce.

Mme Borne leva les bras.

— Il ne faut pas vous dissimuler, chère madame Borne,

que la seule raison d'être du divorce est de dénouer parfois
ces mariages bizarres et imprévus, à la satisfaction générale. Enfin, nous verrons.

Quelques jours après, M. Imbert père envoya son consentement dans une lettre courte et sentencieuse à la fois. Il
réclamait la photographie de la jeune fille et regrettait de
ne pouvoir faire le voyage pour assister à la noce. Il était
en proie à une crise de rhumatisme goutteux et il joignait
deux cents francs pour son fils.

Henriette et André fixèrent donc à deux mois la cérémonie, le temps de déménager et d'installer un nouveau
logement où ils demeureraient tous les trois. Mme Borne
ne prenait aucune initiative. Elle n'espérait plus donner le
bras à M. Augustin Imbert le jour des noces, ni voir une
assistance nombreuse se presser autour de sa nièce, faisant
des souhaits de bonheur. Il n'y aurait pas dix personnes
au mariage. Et même quels seraient les témoins?

Elle supplia tant M. Imbert que celui-ci donna à son
ancien caissier l'autorisation d'être le témoin d'Henriette;
un cousin éloigné de Mme Borne, qu'elle n'apercevait pas
une fois tous les deux ans, accepta d'être le second.

André, pour les siens, eut l'idée de s'adresser à M. Linières et à Émile Lebeau, son camarade. M. Linières
consentit immédiatement, car il avait de la sympathie pour
André. D'ailleurs, peu curieux de sa nature, il ne lui
demanda aucun détail ni sur sa future ni sur ses intentions,
et ne parut même pas surpris quand André lui dit que son
oncle n'assisterait pas au mariage. Il trouvait légitime que
chacun fît dans la vie ce qui lui plaisait, sans s'embarrasser
des opinions d'autrui.

Emile Lebeau, qui avait d'abord été effrayé d'une résolution aussi subite, approuva le mariage d'André quand il
sut que le patron voulait bien lui servir de témoin. D'ail-

leurs, il ne tarit pas de compliments sur la fiancée, un soir qu'André l'emmena dîner chez la tante Borne.

La vieille dame, dont toutes les idées sur la vie étaient brusquement dérangées comme par une tempête, reçut pourtant un dernier coup.

— Nous ne serons pas nombreux, dit-elle une fois tristement.

— Nous voulions justement vous parler de cela avec Henriette, chère madame Borne, reprit André. Nous n'aurons pas d'invités du tout, sauf nos témoins, et Henriette trouve comme moi que cela vaut mieux. Alors voici ce que nous avons imaginé.

— Eh! quoi encore? soupira Mme Borne. La pauvre petite va descendre d'ici avec sa robe blanche et il n'y aura ni voitures, ni amis, ni personne. Qu'est-ce qu'ils diront, les voisins?

— C'est justement à ce propos que nous avons fait une combinaison. Les voisins seront bien attrapés, ajouta André en riant. Ils ne s'apercevront même pas que nous nous rendons à la mairie.

— Et la robe blanche?

— Henriette ne mettra pas de robe blanche. C'est convenu déjà avec elle. Nous nous marierons le plus simplement possible.

— Pas de robe blanche!

La tante Borne ne fit que soupirer, car elle n'avait plus de force pour les grandes indignations. Ce déménagement presque clandestin! une jeune fille se mariant sans robe blanche ni fleur d'oranger! En quelle époque vivait-elle? Quel cauchemar la saisissait?

Le jour solennel arriva parmi ces angoisses et ces péripéties. Elle accompagna les deux enfants à la mairie dans une sorte d'inconscience. Quand le greffier les appela, elle s'avança les yeux fixes et le cœur bouleversé. Et elle perçut pendant qu'elle marchait la voix d'un des huissiers qui murmurait :

— Ce sont deux amoureux qui régularisent leur situation.

C'était peut-être aussi l'avis de M. Linières, à qui elle n'osa pas adresser la parole.

Elle ne retrouva un peu de calme qu'à l'église, où elle s'absorba dans la prière.

II

Le mariage s'étant célébré au début du mois de juillet, plusieurs jours avant l'époque du terme, Mme Borne avait pris un logement un peu plus grand que le sien, où elle devait demeurer avec Henriette et son mari. La rue aboutissait au boulevard Rochechouart, et de la fenêtre de la salle à manger on apercevait quelques-uns de ces arbres maigres qui vivent à grand'peine dans les quartiers élevés de Paris et qui ressemblent à de longues perches ornées de feuilles.

La chambre des époux donnait également sur la rue, tandis que celle de la tante, plus étroite, s'ouvrait ainsi que la cuisine sur une cour assez claire.

André avait apporté ses meubles de garçon et placé son bureau en un coin de la salle à manger. Au-dessus, deux planches servaient à supporter ses livres. Il n'en possédait qu'un petit nombre. Malgré la médiocrité du mobilier, grâce à une disposition adroite d'étoffes et de japonaiseries bon marché, l'appartement présentait cet aspect agréable de certains petits intérieurs que l'on devine habités par des gens ingénieux et d'un caractère bien fait.

Le lendemain de leur union, Henriette et André, à l'heure du déjeuner, vinrent embrasser la tante Borne qui achevait de mettre le couvert. Ils souriaient, et ce fut la vieille dame qui baissa les yeux. Elle songeait encore, avec une sorte de honte, à la cérémonie sommaire et sans prestige de la veille, car elle avait espéré de tout temps marier sa nièce dans un beau cortège de messieurs en habit noir et de dames vêtues de leurs plus riches toilettes, l'admirer sous sa robe blanche et sa couronne de fleurs d'oranger, et assister à une vraie noce, pareille aux noces de tout le monde. Eux, au contraire, cette simplicité d'appareil leur avait communiqué une émotion plus intime et plus forte ; sûrs de leur amour et de leur propre cœur, ils avaient comme glissé à travers ces formalités qui les séparaient l'un de l'autre, et il leur semblait, ce matin-là, que tous les événements de leur existence avaient été combinés expressément pour qu'ils fussent plus tard réunis et attachés.

André n'avait accepté qu'un jour du congé que lui offrait le banquier, et l'on avait décidé d'un commun accord de supprimer une petite excursion qu'on aurait pu faire aux environs de Paris, afin de ne pas gaspiller les quelques sous qui restaient au ménage, ni les modiques économies de la tante Borne. Il reprit son travail le surlendemain.

En peu de temps, d'ailleurs, Mme Borne s'accoutuma à la situation nouvelle, aussi régulière que celle qu'elle rêvait lorsque Mignot devait épouser sa nièce. André rentrait à des heures fixes, ainsi qu'un bon employé ; il recevait chaque mois des appointements à peu près suffisants, et c'était pour elle la forme idéale de la vie. Et même un soir, le jeune homme lui ayant demandé en riant pourquoi elle ne le tutoyait pas, elle se jeta dans ses bras et se mit à l'aimer.

Henriette et André, à l'heure du déjeuner, venaient embrasser la tante Borne.

— Eh bien, vous voyez, lui dit-il. Hein! si nous avions écouté les bons conseils de mon oncle...

— Oh! mes enfants, il ne faut pas lui en vouloir, à M. Imbert. Il n'a parlé que dans votre intérêt, j'en suis sûre, allez! Et ce sera une joie pour moi lorsque vous vous réconcilierez avec lui.

— J'en serai enchanté aussi, fit André. Mais, je le connais; ça ne sera pas facile.

— Laissez-moi faire; je me charge de tout et je ne vous laisserai pas brouillé avec votre famille, André.

— Tutoyez-moi donc, ma tante.

— Nous le verrons ici, M. Imbert. Ah! c'est un brave homme tout de même et un homme sage. Il te donnera toujours de bons conseils, mon cher André.

— Il n'est pas infaillible, voilà tout ce que je voulais dire. Mme Borne en convint.

— Eh! non, il n'est pas infaillible, pardi? Heureusement, hein?

Ils allaient se promener tous les trois, le dimanche dans l'après-midi. Aidée de sa tante, Henriette avait confectionné une toilette d'été, qu'elle portait avec cette élégance aisée et sobre que certaines jeunes filles de condition moyenne acquièrent tout d'un coup, après leur mariage, naturellement.

Quand il la voyait à son bras, légèrement appuyée, André se sentait l'esprit vigoureux et plein d'ambitions. Il calculait les chances qu'il avait de devenir riche et de lui offrir un jour la situation sociale qu'elle méritait. Il regrettait le temps perdu, son examen de fin d'année ajourné encore une fois, et il prenait de viriles résolutions de travail. Le hasard l'avait jeté dans le monde de la finance avec lequel il n'était peut-être pas poussé par une sympathie instinctive, mais, en somme, cela constituait aujourd'hui un milieu recherché qui lui fournirait des clients lorsqu'il aurait été reçu avocat.

L'entrée chez Linières n'était pas un mauvais début. Homme d'initiative, le banquier, sans appartenir à l'aristocratie financière, avait une certaine notoriété sur la place de Paris et une réputation intacte. Sa fortune paraissait solide; elle n'était pas due uniquement à la spéculation. Le banquier avait lancé et soutenu diverses affaires industrielles, sérieuses et même utiles, entre autres les Tramways du Centre qui représentaient des capitaux considérables. Il comptait en outre de hautes relations et aussi des relations agréables; car c'était un garçon d'humeur joyeuse dès que les soucis de sa maison ne l'absorbaient plus. Jeune, d'ailleurs, et serviable, il menait avec modération la vie des Parisiens qui ont de l'argent. Le caractère d'André lui plaisait et l'histoire un peu fantaisiste de son mariage ne fit qu'augmenter sa sympathie. Plusieurs fois il l'avait emmené au théâtre, dans sa loge; puis, ils avaient soupé ensemble. Et lui, qui n'avait reçu qu'une instruction médiocre, ne pouvait se défendre d'une vague estime pour son employé, avocat futur et garçon, en tout cas, d'une intelligence plus qu'ordinaire.

Un dimanche soir même, il accepta de dîner dans sa famille.

— Je vous préviens, dit André, nous n'avons qu'un logement bien simple.

—Mais, mon cher, vous badinez. Est-ce que ces questions-là ont une importance quelconque pour des gens comme nous?

Il apporta des fleurs à Henriette et à Mme Borne, et celle-ci conçut de cette visite les plus grandes espérances pour l'avenir de ses enfants. Elle fut séduite par les affirmations tranquilles et les manières bonhomme du banquier.

— Un autre genre que M. Imbert, dit-elle après son départ; mais je le crois aussi capable.

M. Linières devint bientôt dans le ménage un sujet de conversation continuel.

Le bruit courait en ce moment que le banquier venait de gagner à la Bourse une somme énorme. Du moins, les employés l'avaient entendu dire et se le répétaient entre eux. La maison allait lancer une nouvelle affaire et, comme le patron était généreux, on s'attendait à des gratifications ou à des travaux supplémentaires.

— Voulez-vous dîner avec moi, ce soir? dit brusquement M. Linières à André, à la sortie du bureau, un samedi.

Et il continua, avant d'attendre la réponse :

— Allez vite prévenir votre femme et revenez chez moi.

M. Linières habitait, en plein centre de Paris, un vaste appartement de garçon, d'un grand luxe, un peu criard, sans trop de mauvais goût toutefois.

André le trouva son chapeau sur la tête, très nerveux, jetant des papiers dans la cheminée, ouvrant et fermant des tiroirs avec précipitation.

En apercevant le jeune homme, il s'écria :

— Ah! vous voilà, cher ami!...

Et saisissant un paquet de papiers, il le jeta dans la cheminée et y mit le feu.

Alors, André le regarda. Il avait les pommettes rouges, la cravate mal arrangée et il s'agitait, malgré son gros ventre, avec une extrême légèreté, allant d'un bout à l'autre de la pièce, d'un pas saccadé et rapide.

Les papiers flambèrent. Le banquier poussa un large soupir et vint prendre la main d'André Imbert. Il hésita une seconde, puis l'entraîna vers la fenêtre où le fracas montant de la rue assourdissait les phrases :

— André, il m'arrive un désastre.

Il répéta :

— Désastre... irrémédiable... rien à faire...

— Ah! mon Dieu! lequel?

— Désastre financier... à la Bourse... tout est fini.

— A la Bourse? demanda André, machinalement.

— Oui.

— Vous vous êtes ruiné?

— Absolument.

Une émotion qui lui couvrit les mains et le front de sueur envahit le jeune homme et il balbutia :

— Le bruit courait, au contraire, ces jours-ci...

Linières haussa les épaules :

— Les bruits!... Ah! les bruits ne signifient rien, mon pauvre ami... Je suis perdu. Après-demain, tout le monde saura la vérité. Par conséquent, pas un instant à perdre et il s'agit de prendre une résolution décisive. J'ai songé un instant à me brûler la cervelle... Tenez, voyez ce revolver. Mais à quoi cela servirait-il? Et puis, on n'a qu'une seconde pour faire ces choses-là. Quand elle est passée, il est trop tard. Je pars donc, mon ami ; je suis obligé de partir. Il y a un train à huit heures quarante.

Le regard de Linières rencontra un indicateur de chemins de fer placé sur un meuble. Il en tourna les pages.

— Au fait, ce n'est pas la peine de vérifier, je suis sûr du train. Si vous voulez me faire un grand plaisir, Imbert, nous dînerons ensemble et vous m'accompagnerez à la gare.

Tant de pensées diverses se heurtaient dans l'esprit d'André qu'il ne répondit pas. Et le banquier continua, par phrases entrecoupées :

— Une sympathie énorme pour vous, cher André... et confiance sans bornes... J'aurais pu partir sans vous voir, vous laissant dans une situation cruelle. Je n'ai pas voulu.

Il lui serra encore les deux mains :

— J'aurais eu un remords...

Il s'assit et parla alors d'un ton mélancolique :

— Pas d'amis, André, je n'ai pas d'amis... Je ne suis pas méchant, mon vieux, et vous ne pouvez pas vous imaginer le plaisir que j'éprouve à me confier à quelqu'un... Tout à l'heure, j'ai eu un grand désespoir. Pas même une femme à qui je m'intéresse... J'ai pleuré, mon pauvre vieux. Ah ! quitter Paris dans ces conditions-là, tout lâcher, s'en aller à l'étranger, c'était affreux. J'ai eu l'idée de me confier à vous, de raconter mon malheur à quelqu'un... je suis un peu soulagé, maintenant.

De tous les sentiments qui agitaient André, la pitié, en ce moment domina. Il reprit d'un accent ému :

— Vous pouvez compter sur moi, monsieur Linières.

Le banquier se leva, se promena les mains derrière le dos, lentement, cette fois-ci, et, se rappelant tout à coup un détail important :

— Vous savez, André, qu'en ce qui concerne vos appointements il ne faut pas vous effrayer.

Ils allaient se promener tous les trois le dimanche.

Il sortit de sa poche un billet de banque de cinq cents francs :

— Voici plus de deux mois... Cela vous donnera le temps de vous débrouiller et j'aurai la consolation que votre famille et vous ne garderez pas un trop mauvais souvenir de moi.

Dans un de ces interrogatoires sommaires et rapides, qu'en certaines circonstances pressées nous posons à notre conscience, André se demanda s'il devait accepter. Mais M. Linières devina son scrupule :

— Remarquez, cher ami, que je ne fais que vous donner ce que je vous dois. Je ne vous fais pas un cadeau. C'est la somme que j'aurais été obligé de vous payer, si je m'étais séparé de vous.

André le remercia et, en plaçant le billet dans son porte-feuille, il songea aux autres employés de la maison, à ses collègues, qui allaient être terrifiés demain en apprenant le désastre. Mais il se considéra comme ayant le droit d'accepter cette compensation. Les autres n'avaient pas les mêmes charges que lui ni une situation aussi précaire. Ce qui n'était pour eux qu'un accident pénible eût été pour lui, pour sa femme, au début de leur union, un événement tragique ; tandis qu'avec deux mois d'existence assurée, le malheur devenait réparable. Tout le monde, à sa place, eût agi ainsi, aucun être humain n'étant capable d'appliquer à sa propre conduite les règles générales et strictes de la justice universelle. Et si le banquier volait ses clients, ce n'est pas parce qu'il y aurait un volé de plus que l'équité idéale serait réalisée.

Pourtant il se représenta la figure désolée de son ami, d'Émile Lebeau, devant cette catastrophe soudaine, et, pendant que le banquier prenait un élégant et clair par-dessus d'été, il se décida à parler :

— Monsieur Linières, vous êtes bien gentil avec moi ; mais j'ai encore un petit service à vous demander.

— Eh ! faites donc, mon vieux !

— C'est pour Lebeau... Émile Lebeau... un si gentil garçon... Vous ne savez pas ? Il a le pressentiment qu'il sera un jour dans la misère, qu'il mourra de faim... Il va être épouvanté...

Le banquier pivota sur lui-même et se mit à rire :

— C'est vrai, ma foi, je n'y pensais pas. Ce pauvre Lebeau ! Tenez, voici quinze louis... Vous les lui remettrez de ma part, mais pas avant lundi. Un mot encore, mon cher André, j'oubliais... Ne croyez pas, — j'insiste beaucoup sur ce point, il est essentiel — ne croyez pas, dis-je, que j'emporte sur moi une somme énorme. Si j'abandonnais à mes créanciers le peu que j'ai dans ce portefeuille, leur quote-part serait insignifiante. Moi, j'espère bien le faire fructifier et, un jour, revenir les solder intégralement. Et à présent, allons dîner, il est sept heures.

— C'est tout ce que vous avez comme bagage ? dit André, en voyant que le banquier descendait simplement avec sa canne et son pardessus.

— J'achèterai ce qui me manque là-bas, et je louerai une couverture de voyage à la gare. D'ailleurs, il fait chaud.

André était rasséréné, presque joyeux maintenant, comme s'il lui arrivait quelque chose d'agréable et d'imprévu. Ils se dirigèrent tous les deux vers un restaurant du boulevard. Marchant à côté de M. Linières, André le regardait parfois en clignant de l'œil et n'éprouvait que de bons sentiments à son égard. Ce n'était, certes, pas là un de ces boursiers cyniques, sans scrupules ni humanité, comme il en voyait souvent. Il ne fallait pas lui refuser une certaine pitié et une assez large indulgence. Une demi-heure à la Bourse, quelques cris sous le péristyle, quelques coups de crayon sur un calepin avaient suffi à transformer en fugitif cet homme joyeux, plein de confiance et de bonne humeur, qui savait à l'occasion rendre des services, dont l'égoïsme avait toujours eu des façons aimables.

Ils pénétrèrent dans un cabaret à la mode dont Linières était l'habitué. Le maître d'hôtel, le reconnaissant, s'avança vers lui :

— Monsieur dîne de bonne heure, ce soir, dit-il.

— Oui, reprit Linières, il faut que je m'habille et que j'aille au théâtre. Je n'ai pas très faim, d'ailleurs. Servez-moi vite.

Se tournant vers le jeune homme, il lui dit :

— Commandez le menu, mon cher ami.

Et pendant qu'André consultait la carte, il étendit sans entrain du beurre sur un morceau de pain. Des clients commençaient à entrer ; il savait les noms de plusieurs et échangea des saluts. Alors, l'écœurement de sa situation le saisit de nouveau. Ainsi, bientôt, le maître d'hôtel, les garçons ridicules sous l'habit noir, ces consommateurs, les passants, sauraient que lui, Linières, était en fuite, après avoir sauté à la Bourse. Le boulevard en parlerait, les journalistes l'annonceraient avec dédain ; des articles paraîtraient à son sujet sur le nombre toujours croissant des poufs financiers. Il serait traité couramment d'escroc. Il grignota une tartine de beurre, accoudé sur la table, perdu dans ses réflexions.

— Homard à l'américaine ! murmura le maître d'hôtel, apportant un plat.

— Tiens ! dit-il à André, vous avez commandé du homard, c'est une bonne idée.

— Pardon, reprit le maître d'hôtel, c'est moi qui me suis permis, sachant les goûts de monsieur.

— Vous avez bien fait, Émile.

Il adorait le homard, les mets compliqués et savoureux, et, en général, était fort gourmand. Son appétit se réveilla ; il demanda à son tour la carte, indiqua ce qu'il voulait et commanda un vin de grand bourgogne au sommelier qui s'approchait. Tout en mangeant, il causa avec André de choses indifférentes, s'apaisant peu à peu. Une tasse de café chaud, un fort verre de bonne eau-de-vie, un cigare de sa marque favorite combattirent encore les pensées moroses qui l'obsédaient, et une tiédeur exquise se répandit bientôt dans tous ses membres, envoyée par l'estomac satisfait.

Linières paya l'addition en laissant un pourboire nombreux et il sortit d'un pas ferme. Sur le boulevard, il héla une voiture qui s'ébranla lentement.

— Quels sales fiacres dans ce Paris ! dit-il à André.

Il était plus de huit heures. Arrivé à la gare du Nord, il se glissa parmi les gens qui prenaient leurs billets et rejoignit le train, suivi par André. Il restait un lit dans le sleeping-car. « Ça, songea-t-il, c'est une chance. » Les employés fermaient les portières, les voyageurs se hâtaient. Le banquier prit les deux mains d'André entre les siennes, les serra vigoureusement.

— Je vous écrirai, mon cher, et je vous donnerai de mes nouvelles de temps en temps. Mais, franchement, vous ne me gardez pas rancune ? Vous ne me croyez pas un simple coquin ?

André protesta.

— Vous plaisantez, monsieur Linières ! Je ne me rappelle qu'une chose, c'est que vous avez été gentil pour moi.

Le banquier se pencha et lui dit dans l'oreille :

— Un dernier mot. On ne saura tout que demain dans la soirée, ou, ce qui est plus probable, seulement lundi.

Même si on nous a vus dîner ce soir ensemble, vous ne
pouvez en aucune façon être compromis. Il n'y a ici personne de connaissance, ajouta-t-il, en regardant autour de
lui. Vous n'êtes, d'ailleurs,
que mon employé; on ne
songera pas plus à vous
qu'aux autres.

Le jeune homme n'avait
point pensé à ces détails :
il fut touché. Linières lui
donna une dernière poi-
gnée de main et monta
lestement dans le wagon,
murmurant : « Au revoir,
vieux. » Quand le train
s'ébranla, il fit encore un
signe de tête amical.

André sortit lentement
de la gare et, faisant
traîner sa canne sur le
pavé, il s'éloigna à petites
enjambées. Il n'était pas
pressé de rentrer à la maison. Henriette, prévenue, ne
l'attendant pas avant minuit, et il descendit le boulevard
de Magenta.

C'était la seconde fois depuis quelques mois qu'il revenait ainsi d'une gare de chemin de fer, et, chaque fois, un
événement important pour lui s'y était accompli. D'abord,
le départ de son père qui le laissait seul à Paris avec l'espoir
unique, pour gagner sa vie, d'une place chez ce Linières
qu'il quittait justement aujourd'hui, fuyant la prison et
déshonoré. Et quoique André ne se fît aucune illusion sur
la moralité du banquier, il ne songeait pas à lui cependant

sans une certaine mélancolie. Cette ruine rapide, ce départ furtif, le soir, tout ce qui s'écroulait dans ce petit drame ignoré et inaperçu, l'impressionnait.

Convaincu qu'Henriette supporterait cet incident avec courage et bonne humeur, il n'était inquiet qu'à l'égard de la tante Borne. Pourtant, il ne pouvait guère cacher à la vieille dame cette triste. aventure : il valait mieux la lui avouer bravement, le lendemain, à déjeuner. C'était précisément un dimanche. Elle ne s'étonnerait donc pas de ne point le voir aller à son bureau le matin, et il aurait ainsi le temps de combiner un plan avec Henriette.

Alors il se rappela tout à coup que le banquier lui avait laissé cinq cents francs, plus les trois cents de Lebeau. Il n'y pensait plus et tira le billet de son portefeuille pour le regarder sous un bec de gaz. Ces cinq cents francs étaient vraiment une ressource d'une importance capitale. Ils représentaient plus de deux mois de son travail, plus de temps qu'il n'en fallait pour trouver une place nouvelle. « Voilà qui arrangera tout », se dit-il. Et il marcha d'un pas plus allègre : « Parbleu! fit-il encore en lui-même, mais Lebeau non plus n'est pas trop à plaindre. Nous nous tirons assez bien tous les deux de cette débâcle. »

Il jeta les yeux vers une horloge. L'aiguille marquait neuf heures. A ce moment, Lebeau devait être encore dans le petit café où il dînait chaque soir avec sa maîtresse, jouant ensuite une partie de dames ou de cartes. Il avait bien promis au banquier de ne rien lui dire jusqu'au lendemain, mais Lebeau était un garçon discret, et puis c'était son ami, et la chose l'intéressait d'une façon trop directe.

Marthe aperçut André comme il ouvrait la porte de l'établissement et leva la main. Il franchit le rang des consommateurs et vint s'asseoir à côté d'elle.

— Prenez donc un verre d'eau-de-vie, mon cher André, dit Lebeau. Par quel hasard?

André baissa la voix et murmura :

— Une bien bonne.

Et, en quelques mots, il raconta l'histoire de Linières et les événements de la journée. Lebeau avait de la peine à ne point pousser des cris et Marthe était obligée à chaque instant de lui donner des coups de pied sous la table.

— Eh bien! que dites-vous de cela? conclut André.

— Effrayant! soupira Lebeau. Une vraie catastrophe!

— Bah! dit Marthe, tu as trois cents francs, André cinq cents. Nous avons tous de quoi «marcher» quelque temps. Ça aurait pu être plus grave.

— Je n'ai pas besoin, dit André, de vous recommander à tous deux la plus stricte discrétion.

— Soyez tranquille, reprit la jeune fille.

L'employé, les bras allongés sur le tapis vert qui servait à mettre les cartes, avait les sourcils froncés, l'air abattu.

— Voyons, cher ami, dit André en souriant, il ne faut pourtant pas nous lamenter sans fin... Nous n'en mourrons pas. On se tire de situations plus graves.

— Voilà comment il est quand il lui arrive la moindre des choses, ajouta Marthe, Nigaud, va! puisque tu as trois cents francs. Un brave homme, tout de même, ce Linières, très chic...

André commanda un bock.

— Nous réfléchirons demain. Tenez, Lebeau, j'ai encore quelques minutes avant de rentrer. Faisons-nous une partie de billard?

— Va donc, bêta! s'écria Marthe, devenue très gaie.

Et ils montèrent tous les trois au premier étage du café, où les billards se trouvaient. Emile Lebeau prit une queue,

Tout doucement, il conta pour la seconde fois les épisodes de la journée

et, le regard indifférent, se mit machinalement à pousser les billes.

Lorsque onze heures sonnèrent, André se décida à rentrer chez lui, et ses amis l'accompagnèrent jusqu'à la porte.

Il traversa l'appartement sur la pointe des pieds, pénétra dans la chambre à coucher où sa femme lisait en l'attendant. Il l'embrassa, s'assit sur le lit et, tout doucement, il conta pour la seconde fois les épisodes de la journée. Aux premiers mots, Henriette s'était redressée, et, appuyée contre l'oreiller, elle l'écoutait sans l'interrompre. Parfois, à un détail, elle souriait. Quand il eut terminé, elle murmura :

— Qui aurait supposé cela de ce gros bonhomme?

Et, tournant les yeux vers la porte :

— Et elle, qu'est-ce qu'elle va dire? Pauvre tante!

— Pauvre tante! répéta André. J'avoue que dans toute cette affaire, c'est elle qui m'a le plus préoccupé... Elle va s'affoler.

— Probablement !

— Mais toi... ça ne te fait pas trop de peine, au moins? fit-il en se penchant vers Henriette avec un attendrissement subit.

Elle secoua la tête, et, le regardant, elle ajouta d'une voix sérieuse :

— Je ne te demande qu'une chose, André! Quoi qu'il nous arrive, dis-le-moi toujours franchement et tout de suite, à moi.

— Tu vois, c'est ce que j'ai fait.

Le lendemain, à midi, la tante Borne trouva sur son assiette, en se mettant à table, le billet de 500 francs. C'est le moyen qu'avait imaginé André pour amortir le choc. Mais, à sa grande surprise, la vieille dame ne s'abandonna pas au découragement. Dès qu'elle eut compris, elle se leva, vint embrasser ses enfants, et ce fut elle qui leur dit :

— Eh! pauvres petits, ne vous désolez donc pas. Tu pleures, Henriette?

— Mais non, ma tante, répondit-elle, en ne pouvant s'empêcher de rire.

— Il trouvera une autre place, ton mari... N'est-ce pas, André?

— C'est évident. Comment voulez-vous, ma tante, qu'un garçon de mon âge, bien portant, avec un peu d'instruction, ne trouve pas à gagner sa vie à Paris?

— Ce serait malheureux, reprit la tante Borne.

Car, depuis le mariage de sa nièce, son affection pour André était devenue si vive qu'elle avait en lui maintenant une grande confiance. Elle croyait en son avenir.

— Et puis, moi aussi, j'ai une idée. J'irai voir M. Imbert. Il n'est pas méchant, votre oncle, j'en suis sûre, et il s'occupera de vous.

— Au fait, remarqua André, c'est lui qui m'avait placé dans la maison Linières.

— Raison de plus. J'irai demain.

— Non, ma tante. Attendez que je sois retourné au bureau et que nous ayons été prévenus officiellement. C'est plus prudent.

Le lundi, André se rendit à son bureau à l'heure accoutumée. Les autres employés étaient arrivés comme à l'ordinaire et aucun bruit encore ne circulait. Quand les premiers clients se présentèrent au guichet, le caissier paya avec ce qui lui restait. Ensuite, croyant que le patron était en retard, il envoya quelqu'un à son domicile, priant les nouveaux venus d'attendre dans le cabinet. Il apprit au bout d'un quart d'heure que Linières n'était pas rentré chez lui depuis deux nuits. Il prit son chapeau et courut aux renseignements. Il revint bientôt, pâle, les habits en désordre, poussa brusquement la porte, et, comme un des clients, surpris, l'arrêtait par le bras, il lui dit :

— Monsieur, revenez demain. Je n'ai pas de fonds disponibles aujourd'hui.

Un autre, alors, protesta. Un troisième parla à haute voix. Les employés accoururent et le caissier, furieux, s'écria :

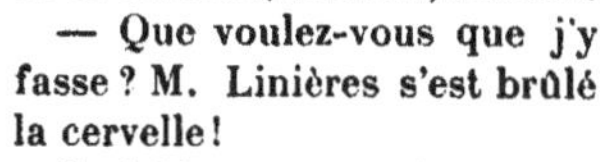

— Que voulez-vous que j'y fasse ? M. Linières s'est brûlé la cervelle !

Ce fut à ce moment un concert de fureurs et de cris menaçants. La caisse, grande ouverte, ne montra que des papiers sans valeur. Les gros mots circulèrent.

— Le commissaire de police va venir, messieurs, vous vous entendrez avec lui.

Des bruits de portes fermées avec violence retentirent : des gens, plus patients, se postèrent dans l'antichambre et, assis sur des banquettes, se mirent à causer entre eux, attendant les autorités.

Le caissier fut assailli par les employés de la maison et ne put que confirmer la vérité : déficit considérable, M. Linières tué ou en fuite...

— Tué! on dit toujours ça, ricana le comptable.

— Et nous? demanda quelqu'un.

Le caissier fit un geste vague :

— Je suis aussi inquiet que vous.

A midi et demi, le commissaire de police entra, posa les scellés, fit signer des papiers et congédia tout le monde.

Le personnel de la maison se retrouva sur le trottoir, mêlé à des passants curieux, et des groupes se promenèrent devant la porte, parlant et gesticulant.

— Dites donc, Imbert, vous avez de la chance pour votre début! dit à André un de ses camarades.

— C'est effrayant! répondit celui-ci.

— Croyez-vous que nous toucherons une portion de nos appointements? demandait-on au comptable.

Il fit observer :

— Ça dépend de l'avoir qu'on pourra réaliser.

Les uns avaient déjà pris leur parti avec cette résignation facile des petits employés parisiens, errant de place en place, renvoyés ici, mal payés là, ne comptant pas sur grand'chose et toujours préparés à subir des mois de misère. D'autres, suivant leur humeur, hurlaient ou faisaient de grosses plaisanteries. Un long, sec, au visage amaigri, crispait son poing vers les murs de l'immeuble et criait :

— On n'égorgera donc pas tous ces escrocs! On ne fera donc pas sauter toutes ces sales boîtes!... Tas de voleurs!

Et, lançant un jet de salive sur le trottoir, il disparut, le regard haineux, agitant ses mains dans un accès de rage.

— Venez donc déjeuner à la maison, on causera, dit André à Émile Lebeau, aussi ému que s'il n'avait pas su d'avance la nouvelle.

Le jour suivant, pour la tante Borne, fut un jour solennel. Elle monta l'escalier d'Augustin Imbert, stationnant à chaque étage, ayant peur d'arriver, craignant un accueil froid qui l'eût navrée.

M. Imbert avait fini de déjeuner. Il aperçut la vieille dame qui s'était discrètement faufilée dans le salon, et il fit : « Ah! »... Puis d'un air grave :

— Votre visite, chère madame, ne m'étonne pas. Je m'y attendais. Vous venez pour l'affaire... Je l'ai lue, ce matin, dans mon journal.

— Oui, mon pauvre monsieur Imbert, s'écria la tante Borne en lui serrant le bras. J'ai eu l'air courageux devant les enfants, pour ne pas les effrayer; mais je suis bien malheureuse. Qu'est-ce qu'ils vont devenir? dites-le moi.

L'oncle Augustin fit le tour de la pièce, les mains croisées derrière le dos.

— Je ne vous dirai pas, chère madame, que j'avais prévu cet événement. Au contraire, j'en suis même surpris. Toutefois, il ne m'étonne pas outre mesure. Toutes ces fortunes qui ne sont pas basées sur le travail ne peuvent résister au plus petit accident... Linières a fait comme tant d'autres. C'est un misérable, n'en parlons plus.

La tante Borne soupira. L'oncle Augustin poursuivit :

— Moi, je suis juste, je suis très juste. Je n'entends pas rendre mon neveu responsable de cette infamie, croyez-le bien. Je reconnais que, s'il est sans place aujourd'hui, ce n'est pas de sa faute. Il est, à mon sens, destiné à faire tant d'autres sottises, que je ne songe pas à lui reprocher cela, qui n'est qu'un malheur. Je suis excessivement juste. C'est moi qui l'avais casé chez Linières. Jusqu'à un certain point, donc, je l'avais autorisé à compter sur cette situation. Il la perd par hasard. Je vais tâcher de lui trouver quelque autre emploi.

— Ah! monsieur Imbert, que vous êtes bon!

— Il n'y a pas de bonté là-dedans. Je n'agis que par un scrupule infiniment délicat. Par exemple, la nouvelle place que je lui procurerai, si André la perdait par sa faute... ce serait tant pis pour lui.

— Alors, monsieur Imbert, vous consentez à le revoir, ce pauvre petit?

— Non, madame, pas maintenant. Remarquez que je ne lui pardonne pas sa conduite à mon égard, que je considère comme une impertinence et un manque absolu de respect. Nous verrons plus tard. Je vous écrirai dès que j'aurai un résultat. Au revoir, chère madame.

Comme elle s'en allait, il la rattrapa pour lui dire :

— Ah! dame, vous savez, je ne réponds pas qu'il gagnera deux cents francs par mois, comme chez Linières...

— N'importe quoi, monsieur Imbert, n'importe quoi... Nous nous arrangerons toujours.

Elle attendit la lettre pendant plus d'une semaine, chaque matin, avec angoisse. André occupait ses vacances forcées d'une façon laborieuse. Il s'était remis au droit, et tout le temps qu'il n'employait pas en courses ou en démarches, il le passait penché sur ses livres, prenant des notes, étudiant. Pour la première fois de sa vie peut-être il ressentait le goût du travail qui apaise les nerfs ébranlés. En cette occasion, la présence d'Émile Lebeau, qu'il voyait presque tous les jours, lui était précieuse. Le pauvre garçon s'agitait en vain à la recherche d'une place. Il allait dans les maisons de banque qu'il connaissait, là où on lui offrait une introduction quelconque. Nulle part, on n'avait besoin d'un employé : il racontait ses déceptions à André d'un air las et navré, n'osant pas montrer sa crainte terrible de l'avenir, afin de ne pas impressionner son camarade pour lequel une amitié profonde lui était venue. Mais André l'encourageait et s'excitait lui-même en parlant.

Enfin Mme Borne aperçut un matin, sur une lettre que lui tendait la concierge, le cachet d'Augustin Imbert. Elle le rompit et appela ses enfants :

— C'est une place pour André.

L'oncle Augustin annonçait, en effet, qu'un de ses

anciens clients, entrepreneur de maçonnerie à Belleville,
auquel il avait chaudement recommandé son neveu,
acceptait de le prendre pour des travaux de comptabilité.
André n'avait qu'à l'aller voir et il s'entendrait avec son
patron au sujet des appointements, question que lui,
Augustin Imbert, avait réservée. La lettre se terminait par
un souhait sec de réussite.

André, qui accourait, un livre de droit à la main, fit, en
se moquant, cette réflexion :

— Un entrepreneur de maçonnerie... Mais comment
donc! c'est tout à fait mon affaire. Mon oncle est char-
mant.

— Un entrepreneur de maçonnerie, répéta Henriette.
Vraiment, ma tante, M. Imbert a des idées...

La tante Borne, qui espérait un travail plus noble, était
désappointée. Elle fut de l'avis de sa nièce et murmura :

— Oui, ce n'est guère une place pour André.

Mais celui-ci, alors, se décida :

— Bah! qu'est-ce que cela fait? Ce n'est que provisoire,
n'est-ce pas? L'essentiel est de ne pas rester les bras croisés.
Et puis, qui sait? C'est peut-être une très bonne place. Je
vais toujours voir.

— Tu ne m'en veux pas? Ça ne te fait pas de chagrin?
dit la tante Borne.

— Eh non, parbleu! Ce n'est qu'amusant.

L'entrepreneur avait un bureau étroit en haut de la rue
de Belleville. Un vaste enclos et les magasins s'étendaient
par derrière. C'était un homme carré et trapu, avec de gros
sourcils. Il portait un veston marron taché de plâtre et, les
mains dans les poches, donnait un ordre à des ouvriers.

En apercevant André, il ôta sa casquette :

— Vous désirez, monsieur?

— Je suis, dit doucement le jeune homme, son chapeau
à la main, le neveu de M. Imbert.

— Couvrez-vous donc. Et?...

— Et je viens pour la place...

— Quelle place?

— Celle dont mon oncle me parle dans cette lettre.

Le patron regarda son chapeau haute forme, ses gants,
et eut une mine stupéfaite.

— Mais, pardon, monsieur, M. Imbert me parle d'un
garçon... tout jeune...

— C'est moi.

— Vous êtes jeune, oui, c'est vrai... Mais je crains...
pardonnez-moi... Enfin, la place n'est pas du tout une
place pour vous.

— Pourquoi pas? dit tranquillement André.

— Elle est très dure, d'abord.

— Ah! la comptabilité...

— Il n'y a pas que la comptabilité... il y a un tas de
courses à faire... Et je vais même vous dire, je ne donne
que cent francs... cent vingt à la rigueur, mais je ne peux
pas dépasser quatre francs par jour.

Il bougonnait, n'osant pas traiter ce monsieur avec la car-
rure qu'il apportait en général à ces sortes de transactions.

— Permettez-moi une que..ion. Qu'est-ce que vous
faisiez avant?

— J'étais étudiant en droit; puis j'ai été employé chez
un banquier, M. Linières...

— Vous l'avez quitté?

— Non, il s'est ruiné.

— Ah! oui, il me semble que j'ai lu ça dans les
journaux. Une fripouille encore... quoi! En somme, les
conditions vous vont? Vous voulez entrer ici?

— Oui.

— Ça vous embêtera ; vous n'y resterez pas trois jours.

— Essayons.

— Demain alors, conclut le patron en lui tendant la main.

Et il s'éloigna, haussant les épaules, pendant que les ouvriers entre eux chuchotaient.

— J'oubliais de vous demander, dit André... à quelle heure faut-il être ici ?

— Dame ! sept heures du matin... Ça va toujours ?

— Oui, reprit André, fermement.

Dans la rue, pourtant, il se rendit compte que pour être chez l'entrepreneur le matin à sept heures, il devait se lever à cinq et demie, et traverser la moitié de Paris à pied. « Hum ! se dit-il, ça va me changer beaucoup. »

Henriette trouva cette combinaison impraticable, mais André voulut tenter l'expérience. A cinq heures du matin, il prit du chocolat préparé par la tante Borne ; sa femme assista à son départ. On fit des recommandations, comme s'il partait pour un long voyage. Puis elles le regardèrent toutes les deux par les vitres de la salle à manger. On l'apercevait à peine dans le brouillard léger et froid de la fin d'octobre, et l'approche incertaine du jour donnait aux rares ouvriers se rendant à l'atelier, aux pavés, aux angles des maisons, un air frileux et frissonnant. Henriette se retourna brusquement vers sa tante :

— C'est une plaisanterie, n'est-ce pas ? Tu ne supposes pas que je vais laisser André s'en aller tous les matins à cette heure-ci ? Nous n'en sommes pas encore réduits à mourir de faim...

— Eh ! ne te fâche pas, ma fille ! s'écria la tante Borne. Tu as raison, je suis de ton avis, et moi non plus, je ne voudrais pas qu'il fasse ce métier-là. Mais il fallait bien montrer de la bonne volonté à cause de son oncle. Demain, on s'arrangera autrement.

On fit des recommandations, comme s'il partait pour un long voyage.

— Demain, accentua Henriette, il enverra sa démission à son entrepreneur de maçonnerie, car je l'empêcherai de partir.

— Eh! oui, pardi... Pauvre petit!

André revint le soir, à l'heure du dîner, harassé. Il avait, une partie de la journée, marché à travers Paris; puis, dans l'intervalle de ses courses, écrit des factures, fait une foule de besognes, surveillé des ouvriers, aidé même à atteler des chevaux. D'ailleurs, il avait accompli tout cela avec entrain, comme un travail que l'on est résolu à ne plus recommencer et dont on supporte la fatigue par une sorte de fantaisie. L'entrepreneur le félicita en souriant à la fin de la journée.

— A demain, alors?

— Ecoutez, monsieur, lui dit André, je crois que vous étiez dans le vrai. Je ne ferai pas du tout votre affaire, je le reconnais.

— Parbleu!

— Et je vous prie de ne pas m'en vouloir si je ne reviens pas.

— Vous êtes un gentil garçon, tout de même. Je vais vous donner vos quatre francs.

André fit un geste de refus.

— Ça, dit le patron, jamais! Vous avez travaillé ferme, vous allez prendre votre journée.

Et il lui mit dans la main deux pièces de quarante sous, ajoutant :

— Adieu, monsieur, à l'avantage de vous revoir. A propos, voulez-vous vous donner un coup de brosse? Vous avez un peu de plâtre à votre pantalon.

— Et voilà mon gain! dit André en tendant gaiement à la tante Borne les pièces de monnaie.

— Tu dois en avoir une, de faim, mon pauvre garçon! s'écria celle-ci. A table!

Ils reçurent après dîner la visite de Lebeau, très intime maintenant dans la maison. Il venait savoir comment les choses s'étaient passées. D'ailleurs, il approuva André. En ce qui le concernait, ses dernières démarches n'avaient pas été infructueuses. Il avait fini par rencontrer un ancien camarade qui, l'ayant mené au café pour causer avec lui, l'avait présenté à un commis-voyageur, habitué de l'établissement. Ce commis-voyageur, qui « faisait » les produits pharmaceutiques, était en relations avec un ami de l'économe d'un hôpital de Paris. Et Lebeau, qui connaissait vaguement, par sa famille, un professeur à la Faculté de médecine, eut l'idée de lui demander une lettre de recommandation, grâce à laquelle il entrait la semaine suivante, en qualité d'aide comptable, à l'économat, avec cent vingt francs par mois d'appointements. C'était la moitié environ de ce qu'il gagnait chez le banquier; mais depuis la ruine de la maison, il vivait dans un tel désespoir, s'était heurté à tant de portes fermées qu'il se considérait comme ayant eu de la chance pour la première fois de sa vie.

III

Un événement nouveau se produisit dans le ménage : Henriette devint enceinte. André, se fiant à des promesses de places qu'on lui avait faites, çà et là, sortait peu et s'absorbait dans le travail. La tante Borne l'admirait, allant d'un pas énergique s'asseoir à son bureau, se posant bien sur sa chaise, puis tournant avec lenteur les pages des livres. Et elle se réfugiait dans sa chambre, afin de ne pas le troubler. Mais lui, bientôt, s'accoudait et songeait aux choses de son existence. Le sens de ces mots abstraits ne répondait à rien dans son esprit. Toutes ces phrases lui semblaient inutiles, dépourvues d'intérêt, comme inertes et vides. Ces décisions sèches et sommaires du code qui règlent tous les actes de notre vie de civilisés ne donnent pas pourtant l'illusion de la vie. On dirait qu'elles s'appliquent à des êtres disparus; elles n'ont pas plus d'importance que des étiquettes collées sur des fragments de pierre. Le moindre événement qui nous arrive les dépasse : elles ne font que fournir des noms à tous nos ennuis, à tous nos malheurs.

Tout cela n'est bon à apprendre qu'après le collège,

Qu'est-ce que tu as, André? dit-elle doucement.

lorsque rien n'est encore venu nous inquiéter ni nous
distraire ; en ces heures indécises où nous nous imaginons
que la société est une sorte de pensionnat non sans rapport
avec ceux que nous quittons, dans lequel nous rencon-
trons aussi des professeurs et des surveillants, où l'on
nous donne des prix quand nous avons été sages et des
pensums quand nous défaillons : lourdes erreurs que la
faible science recueillie sur les bancs des écoles ne suffit
pas à payer. Et André fermait ses livres, allait appuyer
contre la vitre son front tout chaud d'énervement et regardait dans la rue les passants faire des gestes vagues.

Henriette entrait. Il se retourna, la conduisit vers un
vieux fauteuil de velours rouge usé qui était près de son
bureau et s'assit à ses pieds.

— Qu'est-ce que tu as, André ? dit-elle doucement.

Il ne répondit pas ; elle ajouta :

— N'es-tu pas content de... ça ?...

— Si, j'en suis heureux, j'en suis très heureux, ma
chérie. J'ai des préoccupations, voilà tout. Dame ! continua-
t-il en souriant, c'est une chose importante, tout de même,
un enfant !...

Elle inclina la tête vers lui et l'entoura de ses bras :

— Tu as peur, André ; oui, je le sens, tu as peur que,
s'il nous arrivait jamais des ennuis graves, je ne sache pas
les supporter. Si tu me crois désolée parce que tu ne
gagnes pas d'argent, parce que tu ne trouves pas de
place, tu te trompes bien. Tu verras, va ! Quand je t'ai
rencontré, il y a plusieurs années déjà que je comprenais
l'état précaire où nous étions, ma tante et moi. Je la
plaisantais lorsqu'elle me parlait de sa mort et de ce
que je deviendrais après elle. J'y songeais pourtant, mais
j'y songeais avec confiance. Vraiment, je n'étais pas
nquiète, et ce n'est pas maintenant, que nous sommes

deux, que je vais manquer de courage. Fais ce que tu
voudras, André. Si tu restes quelque temps encore sans
trouver de place, eh bien! tant pis! Nous vivrons comme
je vivais avec ma tante... assez mesquinement d'ailleurs,
mais ce ne sera pas encore la misère... tout à fait.

André se leva :

— Ce n'est pas de l'inquiétude que j'éprouve, c'est une
espèce de colère. Il y a des moments où je suis furieux
contre tout le monde. Est-ce que ce n'est pas ridicule d'être
là, sans rien faire, tout désemparé, parce qu'un banquier
est parti pour la Belgique? Ah! nom d'un chien! je n'ai
pas la résignation de Lebeau... je résisterai.

— Mais à quoi, mon ami? reprit Henriette en l'arrêtant
d'un sourire.

— A quoi...? Eh! je ne sais pas! Aux malheurs qui
pourront nous arriver, à mon oncle... De quel droit écrit-il
une lettre comme celle de ce matin, où il prétend que je ne
suis bon à rien sous prétexte que je n'ai pas voulu être
employé chez un entrepreneur de maçonnerie?

— Ce n'était que comique.

— Évidemment. Que le diable l'emporte! C'est vrai,
pourtant, que je me tourmente pour des enfantillages! Je
me porte bien, je suis capable de faire un tas de besognes...
et me voilà abruti sous prétexte que je me suis présenté
inutilement dans une douzaine de maisons de banque où il
n'y a pas d'emplois vacants!... Allons nous promener
jusqu'au dîner.

Comme la tante Borne, attirée par le bruit des paroles,
s'avançait, il lui saisit les deux mains :

— Madame Borne, je voudrais vous demander une chose.

— Laquelle, mon garçon?

— Est-ce que vous regrettez de m'avoir donné votre
nièce? Répondez franchement.

— Ah! le nigaud ! s'écria la vieille dame en éclatant de rire.

— Alors, vous ne le regrettez pas? C'est l'essentiel... Dans ce cas, ma tante, continua-t-il gaiement, nous allons faire un tour de promenade.

Et il l'embrassa.

— Qu'est-ce qu'il a donc? demanda Mme Borne à sa nièce.

Celle-ci répondit avec tranquillité:

— Il est très content.

On était aux premiers jours de novembre, et la tante Borne, à cette époque, restait toute la journée à la maison pour faire ses préparatifs d'hiver. Car, étant d'un pays très froid, des environs de Montbéliard, le commencement de la mauvaise saison la préoccupait longtemps à l'avance. Le souvenir de certains hivers terribles de sa jeunesse, où des habitants du village étaient morts de froid et de faim, ne l'avait jamais quittée, et chaque fois que la neige tombait à Paris, elle racontait à sa nièce qu'un soir, à Rothiers, chez elle, les loups avaient envahi la grande rue et dévoré un enfant. Aussi, chaque année, dès qu'arrivait novembre, elle se disposait à hiverner, comme les marins des régions polaires. On la voyait s'agiter dans l'appartement, fouiller les armoires, visiter les vêtements et le linge ; elle s'assurait qu'il y avait du chauffage pour plusieurs semaines et vérifiait le jeu des portes et des fenêtres. Elle aurait voulu entasser des provisions dans le buffet, des jambons fumés, des saucisses de son pays, des confitures et des biscuits, conservant encore, depuis des années qu'elle habitait Paris, la crainte instinctive que la nourriture vînt à manquer pendant les grands froids. Or, cette année, sa prévoyance redoublait. Ils étaient trois ; l'état de sa nièce allait exiger des soins nouveaux et plus délicats. Elle ne disposait que du strict nécessaire et un journal annonçait que l'hiver serait plus rude que le précédent. En conséquence, la tante Borne montrait une activité inaccoutumée, ne sortait que pour les achats indispensables et préparait tout en vue de la résistance.

Au cours d'une de ses inspections, la vieille dame avait reconnu qu'André ne possédait qu'un pardessus insuffisant, fortement râpé en divers endroits et passé de couleur. Ce vêtement devait avoir au moins quatre ans.

— André, mon petit, il faut absolument en acheter un autre. C'est une dépense indispensable. Tu vas avoir des démarches à faire, et à Paris, tu sais, mon enfant, voilà comment ils sont: si l'on n'est pas bien vêtu, ils vous prennent pour des manants... Eh! oui...

— Tiens! à ce propos, remarqua André, il y a plus d'un an que je n'ai pas eu de nouvelles de mon tailleur. Au fait, mon père aura dû le régler en partant.

— Qui est-ce, ton tailleur?

— Un nommé Moussu. Il est de chez nous, c'est toujours lui qui nous a habillés.

— Va le trouver tout de suite, mon garçon, et commande-lui un bon pardessus d'hiver.

Le tailleur Moussu n'avait jamais eu de boutique. Il travaillait dans une vaste pièce au troisième étage d'une maison de la rue Saint-Antoine, meublée seulement d'une épaisse et longue table de chêne et de quatre châises. C'est là qu'André et M. Imbert, depuis des années, allaient faire leurs commandes de vêtements et les essayer. Moussu avait avec eux une certaine familiarité de compatriote et longtemps il avait appelé « André » tout court le fils de M. Imbert, à qui il avait fait sa première culotte. D'ailleurs, très laborieux et très actif, il paraissait très adroit de son métier et ne manquait pas de clients. Il ne s'était jamais marié et vivait seul.

— M. Moussu ne demeure plus ici, répondit brusquement la concierge à André.

— Où est-il?

— Je n'en sais rien, articula-t-elle de nouveau avec un grand mépris dans la voix.

— Il n'a pourtant pas déménagé sans laisser son adresse? Un tailleur...

— Ah! ah! un joli tailleur... un joli monsieur!

Et en ricanant, elle demanda à son mari:

— As-tu ça sur un chiffon de papier, l'adresse de Moussu?

L'homme mit des lunettes, parcourut des yeux en bougonnant une sorte de calepin graisseux et dit:

— 95, rue Labat, à Montmartre.

« Ce n'est pas trop loin de chez moi; ça se trouve bien, » songea André.

Il pénétra dans la cour d'un immense immeuble, cour assez proprement tenue, sur laquelle s'ouvraient une quantité de fenêtres garnies de linge, aux carreaux fêlés et poussiéreux. Cinq ou six escaliers, conduisant à des corps de bâtiments différents, y débouchaient. André demanda M. Moussu.

— Au sixième, deuxième escalier à droite, la porte au fond.

— Au sixième? dit André, surpris. Est-il chez lui, au moins?

— Oui... porte au fond.

Il commença l'ascension d'un escalier raide, mal éclairé, puis, arrivé en haut, frappa à une porte. Quelqu'un, d'un pas lourd, vint lui ouvrir.

— Ah! c'est vous, monsieur André! dit Moussu sans s'étonner outre mesure. Je pensais à vous ces temps-ci et j'allais vous écrire.

André examina le tailleur. Il marchait dans des espèces de savates éculées et sordides, et son corps était enveloppé d'une couverture de laine qui, en s'écartant, laissait voir une chemise de flanelle douteuse. Le visage de Moussu n'était pas celui d'un commerçant dont les affaires prospèrent et qui est tranquille sur l'avenir. Devenu complètement chauve et très maigre, le tailleur, avec ses gros membres, ses épaules pointues, avait perdu son aspect bonhomme et souriant d'autrefois. Son air était presque menaçant et ses yeux rougis, ses pommettes saillantes, sa bouche crispée, déformaient tellement sa physionomie habituelle, qu'André lui demanda :

— Vous êtes malade, Moussu?

— Moi! reprit-il d'une voix qui sortait avec peine de la gorge. Non, je n'ai rien. Seulement, il ne fait pas chaud et je me suis couché sur mon lit, en attendant quelqu'un.

André considéra le mobilier de l'étroite pièce qui constituait tout le logement du tailleur. C'était un lit de sangle, une table en bois blanc, deux chaises, un poêle cassé sur lequel il y avait une casserole. Aucun ustensile ne rappelait son ancienne profession.

— Mais vous n'êtes donc plus tailleur, Moussu? dit André.

Moussu haussa les épaules :

— Il y a plus d'un an; vous ne le saviez pas?

— Vous avez donc fait de mauvaises affaires, mon pauvre ami?

Le tailleur, ramenant sur son dos la couverture qui glissait, fit signe à André de s'asseoir.

— Restez donc un instant avec moi... Voilà. C'est de ma faute et ce n'est pas de ma faute. Quand le métier a commencé à ne plus aller, il y a quatre ans... il n'y a pas davantage... Jusqu'à ce moment-là, j'avais gagné ma vie... alors, il y a quatre ans, comme j'avais beaucoup d'argent dehors, je l'ai réclamé, naturellement. J'ai couru chez les clients qui étaient en retard. Ah! non, un tailleur qui réclame de l'argent, ils n'avaient jamais vu ça! C'est trop drôle. J'ai envoyé du papier timbré à quelques-uns... J'ai fini par toucher des bribes... peu à peu, à la longue.

Moussu se mit à tousser, avala un verre d'eau et continua :

— J'ai tenu tant que j'ai pu, monsieur André. J'avais des fournisseurs qui me talonnaient. Je me suis bien défendu... Et puis, un jour, il m'en est arrivé une bonne. Vous ne jouez jamais?

— Jouer... où ça?

— Dans les tripots?

— Je n'y ai jamais mis les pieds, mon pauvre Moussu. Et vous?

— Moi, figurez-vous que j'avais pour client le président... oui, c'était le président... d'un sale claque-dent... nous appelons ça un claque-dent.

— Je sais, dit André en riant.

— Sur le boulevard, près du faubourg Saint-Denis. Le *Bouge*, c'était son surnom... Ce qu'on a volé de gens là dedans! Eh bien! ce président, M. Magre, m'a demandé

un jour si je voulais faire partie du cercle. Tailleur, profession très honorable, beaucoup de commerçants dans le
cercle, ils seraient enchantés... J'étais presque flambé du
côté de mon métier, je me suis dit : « Avec de la veine, tu
peux te remonter. » Et j'ai perdu pendant un an, sans
m'arrêter; d'abord des centaines de francs, puis des louis,

puis des cent
sous, puis des
sous... Sans compter que j'ai été
rudement volé, monsieur André.
J'ai donc tout lâché; on ne m'a pas fait déclarer en faillite,
parce qu'il ne restait rien et, d'ailleurs, ça m'était bien égal.
Voilà pourquoi je dis, monsieur André, que si je suis dans
cette purée, c'est de ma faute et ce n'est pas de ma faute.

André lui prit la main :

— Qui sait, Moussu, si avec du travail et un peu de
chance?...

Il ricana :

— Eh! non, trop tard! Mon rêve — et étendant ses
larges mains, il avait l'air de faire un serment — ce serait

de rouler des gens comme on m'a roulé, de gagner de l'argent par n'importe quel moyen. Je ne fais pas l'effet de quelqu'un de bien malin dans ce taudis, mais j'en sortirai, monsieur André. Ah! ah! nous rirons!... j'en trouverai de l'argent, moi aussi. Ah! je les connais, maintenant, les trucs. J'attends justement un homme...

— Et qui donc?

— Je ne peux pas le dire... un type épatant. Mais, ne parlons plus de ça, ça me fait bouillir le sang.

— Vous disiez tout à l'heure, reprit André, que vous vous disposiez à m'écrire?

— Ah! oui, voici...

Et, soudain, sa physionomie s'apaisa: il redevint pour un instant le bonhomme jovial et ingénu qu'il était jadis, quand il prenait mesure à André et qu'il hochait la tête, en poussant des petits cris : « Eh! eh! » de satisfaction.

— Tout de même, j'ai eu des clients très chics, monsieur André. Mais, au fait, est-ce que ce n'est pas vous qui m'aviez procuré M. Grenot... un de vos camarades au lycée?

— Grenot? s'écria André... Louis Grenot, je crois bien. Il n'a pas fini ses classes, il a lâché les études. Ah! qu'il y a longtemps que je ne l'ai pas vu. Qu'est-ce qu'il fait donc?

— Pas riche, mais il s'en tire. Je vous donnerai son adresse. Donc, je disais qu'il a été très chic. Il m'avait fait des billets et j'en avais encore pour un an. Quand je me suis trouvé sans un centime, il m'a retiré ses effets tout d'un coup et m'a payé recta, sans escompte. Le père Imbert... très gentil aussi... Votre père, oui; j'ai reçu le mois dernier une lettre de lui. Nous avions un petit compte en retard.

— Ah! il ne m'en a rien dit.

— C'est justement à ce sujet que j'allais vous écrire...
Le compte? Un rien. Quatre cents... M. Imbert m'a
envoyé cent francs par retour du courrier et, quant au
reste... il faut être juste aussi, c'étaient des fournitures
pour vous, une jaquette, un complet, j'ai la note; il me dit
de m'adresser à vous, que c'est vous qui me payerez. Vous
alliez recevoir un mot de moi.

Fort ennuyé de se trouver en présence de cette dette
inattendue, — car la note remontait en effet à l'année
d'avant, et il supposait que son père l'avait réglée, —
André murmura :

— Bon, bon... Moussu, on s'arrangera.

— Il paraît que vous vous êtes marié, monsieur André,
et que vous en gagnez, de l'argent.

André se récria avec énergie :

— Mon pauvre Moussu!... Mais, de l'argent... je n'en ai
guère plus que vous. Et, par-dessus le marché, je suis
sans place.

— Ah bah !

Le tailleur le considéra alors avec commisération.

— C'est vrai? Alors je ne vous tourmenterai pas. Seulement, vous me ferez des billets... de cinquante francs, par
exemple... tous les mois; ça durera six mois et ce n'est
rien pour vous, hein ?

— Ça me gêne bien en ce moment-ci, je vous assure,
Moussu.

— Prenez votre temps. Signez-moi le premier pour
janvier, fin janvier... nous sommes en novembre, et les
autres de mois en mois. Ça me rendra un fier service,
monsieur André. Tenez, voici la lettre de votre père.

Et, tout en la montrant à André, le tailleur lui présenta
aussi une poignée de papier timbré pour effets de commerce
qu'il était allé chercher rapidement dans un tiroir de la table.

— Bah! songea André, après tout ce n'est pas autrement grave. Une dette de trois cents francs... Je ne vais
pas me préoccuper de cette bêtise.

Et il signa.

— Merci, monsieur André. Je vais tâcher de passer vos
effets, car, — je vous le dirai entre nous — si je ne paye
pas mon loyer demain, on me fiche dehors. C'est mon
dernier délai.

— Allons! débrouillez-vous, et bonne chance, Moussu,
dit André en lui serrant la main.

— Merci. Et qui sait si, un jour... on se retrouve dans
la vie... Bon! Je passerai de temps en temps prendre de
vos nouvelles, si vous permettez.

— A propos, donnez-moi donc l'adresse de Louis Grenot?

— Voici.

« Je n'ai pas de pardessus d'hiver, se dit André en sortant, mais j'ai une dette que je ne soupçonnais pas. » Et,
après avoir eu, en songeant à la conduite de son père dans
cette circonstance, un petit mouvement de rancune, il
apprécia bientôt la situation avec plus d'indulgence. Son
père n'avait, en réalité, que des ressources insignifiantes :
où aurait-il pris de l'argent? Il pouvait vivre, là-bas, à la
campagne, mais ses revenus pécuniaires devaient être fort
minces.

— Parbleu! dit-il, il a eu bien raison; seulement, il
aurait pu me prévenir.

Tel fut aussi l'avis de la tante Borne. Elle conduisit elle-
même André dans un magasin de confection et se fit un
plaisir de lui voir essayer un pardessus marron, chaud et
vaste, qui ne s'userait pas facilement.

André venait d'avoir une nouvelle idée, pleine de bon
sens. Pourquoi, au lieu de chercher à l'aventure une place
ou de l'attendre des circonstances, ne s'adresserait-il pas à

certains de ses camarades du quartier Latin, jeunes gens riches, ayant des relations puissantes par leurs parents? Quoiqu'il n'eût fait, depuis un an environ, que de courtes apparitions à l'École de droit, il y avait gardé, sinon des amitiés intimes, du moins des sympathies avec quelques étudiants. Il leur avait, par un mot, annoncé son mariage, s'excusant de ne pas les inviter pour des raisons de famille. Il établit donc, superficiellement, la liste de ceux auxquels il pouvait s'adresser.

De toute sa génération, André était certainement parmi les plus en retard dans leurs études. Cette constatation, d'ailleurs évidente, ne faisait pas partie des choses qui dans la vie, jusqu'à présent, l'avaient énervé ou inquiété. Au lycée, il était un élève médiocre, négligeant ses devoirs pendant des semaines, ne travaillant pas, en tout cas, avec cette régularité qu'exige l'éducation universitaire. Il supportait la supériorité des autres dans les examens et les concours sans la moindre amertume, et se figurait qu'il n'aurait un jour, pour les rattraper, qu'à lâcher son intelligence, comme on rend les rênes à un cheval. Ses premiers insuccès, combinés avec la gêne croissante de sa famille, avaient modifié ses plans, l'avaient détourné du but et transformé peu à peu son ambition précise d'avocat en une sorte d'ambition vague, lointaine, que l'avenir seul réaliserait. Puis, le hasard était entré dans sa vie et l'avait de nouveau dérangée. L'amour qui l'avait pris soudain, son mariage, lui imposaient aujourd'hui des labeurs plus directs et le forçaient à choisir une profession provisoire, sans autre raison que de vivre et de faire vivre des gens autour de lui.

Voyant ses incertitudes et sa nonchalance, ses condisciples ne l'avaient jamais pris très au sérieux. Ils n'éprouvaient pas pour lui cette considération qu'inspire aux écoliers un concurrent redoutable et que l'âge change en inimitié, en hostilité, parfois en haine. Au quartier Latin, parmi les étudiants plus expérimentés déjà, il fit la même impression et on se contenta de ne pas afficher de mépris à son égard, car son caractère était facile, son humeur aimable et son intelligence impossible à nier.

Il était même un des rares élèves sans fortune ayant pu approcher le groupe le plus fameux de la rive gauche, composé de six ou huit étudiants à peine, dont deux se partageaient l'autorité morale. L'un, Ludovic Moure, le fils cadet d'un des plus riches industriels de France, avait le prestige des millions de son père. Il habitait avec sa famille dans un luxueux hôtel des Champs-Élysées et, tandis que le frère aîné, sorti l'an dernier de l'École polytechnique, commençait à s'occuper des affaires de la maison, se préparait à remplacer le chef, Ludovic faisait son droit par dilettantisme. Il ne paraissait pas encore fixé sur l'emploi de sa vie. Une partie de ses camarades soutenaient qu'il ne serait jamais qu'un simple viveur ; quelques-uns insinuaient qu'il cachait au contraire des hautes ambitions. Il passait ses examens régulièrement, travaillait sans excès et fréquentait déjà des actrices.

Beaucoup moins riche que lui, Robert Deruine avait une aussi grande réputation dans le milieu des écoles. Il passait pour un des futurs maîtres de la jeune génération, soit qu'il se lançât un jour dans la politique, soit qu'il entrât dans le journalisme sérieux, ou même qu'il fît ces deux choses à la fois; car il parlait et écrivait avec une égale facilité et une égale distinction. Il avait débuté dans une revue par un article sur le progrès moral de la jeunesse française et c'est lui qui parlait le plus fréquemment dans les réunions de la rive gauche. Un jour, à la suite de troubles au quartier, le président de la Chambre l'avait fait appeler et avait échangé avec lui des idées sur la politique générale du pays. Tout cela lui faisait une situation à part. C'était un garçon de taille élevée, à l'allure grave, d'une figure pâle aux traits bien dessinés et fins, et vêtu habituellement d'une redingote : très élégant toutefois, malgré la sévérité de ce costume.

A chaque instant, des discussions s'élevaient entre lui et Ludovic. Celui-ci n'avait pas sur les grandes questions de progrès et de morale des idées aussi décisives que son camarade : il hésitait et même, à l'occasion, faisait des plaisanteries de millionnaire que l'avenir de la société ne trouble pas. L'autre essayait de le convaincre et lui montrait le rôle grandiose que pouvaient jouer aujourd'hui ceux d'entre les riches qui sauraient comprendre leur époque. Il aurait voulu que Moure agît, fît quelque chose dans ce sens et, plus tard, fondât un journal.

Autour des deux principaux orateurs, chacun donnait son opinion. Un jeune homme de vingt ans à peine, nommé Frédéric Lignet, très spirituel, moqueur et jovial, soutenait presque toujours Moure de sa verve et de son entrain. Il était d'ailleurs son ami intime depuis le collège. D'une famille besogneuse, composée de trois autres frères et d'une sœur, n'ayant comme ressources que les appointements de M. Lignet, sous-chef de bureau dans un ministère, il avait vite deviné en Ludovic, avec son flair de gamin moderne,

l'homme qui devait un jour le servir. De classe en classe,
il s'était rapproché de lui davantage et Moure, maintenant,
ne pouvait plus se passer de son camarade, d'une gaieté
continuelle et cinglante, qui l'amusait et le flattait. On les
voyait partout ensemble, tous les deux, et on s'adressait à
Frédéric quand on avait quelque protection à demander au
fils du grand industriel.

C'est lui auquel André avait songé.
Il le rencontra avec d'autres étudiants, un soir, vers cinq heures,
dans une brasserie où Ludovic Moure et Deruine se mon-
raient rarement, à cause de leur situation.

— Imbert?... Tu vas bien? lui dit Frédéric Lignet, sans
étonnement, comme s'il l'avait aperçu la veille.

— Très bien, merci.

Il serra la main d'un second étudiant qui prenait un ver-
mouth et qui dit :

— Il me semble qu'il y a quelque temps que vous n'êtes
pas venu ici?

— En effet, reprit André.

Et, s'adressant à Lignet :

— As-tu une minute?

— Quelque chose à me dire?

— Oui.

— Je suis à toi, mon vieux.

Ils sortirent du café et descendirent le boulevard Saint-Michel. Ils firent d'abord quelques pas en silence.

— Au fait, dit Frédéric, j'ai oublié de te remercier de ta lettre... la lettre que tu m'as écrite pour m'annoncer ton mariage. Tu es heureux?

— Certainement, répondit André en souriant.

— Voyons, de quoi s'agit-il? continua l'étudiant sans insister outre mesure sur ce sujet.

— J'ai pensé, mon vieux, à venir te trouver. J'ai besoin d'une place qui me rapporterait... oh! peu de chose, mais enfin, tu comprends, de quoi vivre... Tu connais le père Moure, et si tu es assez gentil pour dire un mot de moi...

— Le père Moure? fit l'autre, très étonné. Tu voudrais entrer chez le père Moure? Pourquoi diable faire?

— Mais n'importe quoi. Il y a tant d'emplois chez lui. Je ne te cache pas — tu n'es pas un enfant — que je n'ai aucune fortune et que me voilà avec une femme... Il faut vivre.

Ennuyé d'être obligé d'écouter des choses graves sur le trottoir d'un boulevard, à la sortie d'une brasserie où il était en train de prendre son apéritif, Frédéric Lignet fronçait les sourcils, cherchait visiblement un moyen d'abréger la conversation. D'abord il eut quelques paroles cordiales, ainsi qu'il convient lorsqu'un ami vous raconte ses chagrins; puis, il reprit d'un ton léger :

— Ce n'est pas pressé, tout ça?

— Hé!

Mettant la main à la poche, l'étudiant demanda :

— Serais-tu à un ou deux louis près?

— Pas du tout, pas du tout, répliqua vivement André. Tu es bien aimable. Je voudrais, si c'est possible, un bout d'emploi chez les Moure. Tu as beaucoup d'influence sur eux.

— J'ai une certaine influence sur Ludovic, c'est vrai... mais, quant au papa... Ah! je le connais, celui-là. En voilà un qui se fiche de toutes nos blagues.

— Quelles blagues? fit André, étonné.

— Je veux dire, continua Frédéric, en badinant, que ce n'est pas la peine de faire du sentiment avec ce brave vieillard. Il a une façon de vous taper sur l'épaule et de parler d'autre chose... Rien à faire avec lui, mon vieux, rien à faire. Ce serait de ma part une démarche complètement inutile.

André se rappela alors tout à coup que l'étudiant avait déjà placé son jeune frère dans la maison Moure et obtenu pour l'aîné, ingénieur sorti de Centrale, un travail important.

« Je suis bête, se dit André; j'aurais dû songer à cela. »

— Merci, tout de même, mon cher ami.

Enchanté d'être débarrassé de ce léger tracas auquel il ne s'attendait pas, Frédéric fit des compliments à son camarade sur sa bonne mine et lui montra la facilité avec laquelle, intelligent comme il l'était, il ne pouvait manquer de trouver une place lucrative n'importe où.

— Au revoir, vieux, à un de ces jours. Laisse-moi ton adresse, à tout hasard. On ne sait pas.

— Au revoir.

Et l'étudiant remonta le boulevard, tandis qu'André traversait les ponts. « Parbleu! se disait-il, c'était évident et Lignet n'allait pas se déranger pour moi. Au fond, il se moque absolument que j'aie ou que je n'aie pas de place, voilà la vérité, car rien ne lui était plus facile que de me faire entrer chez le père Moure. Je ne lui en veux pas, d'ailleurs. C'est moi qui ai été un peu naïf de m'adresser à lui. »

Il songea alors à l'adresse, à l'esprit pratique et souple

de son camarade qui, dans une situation de fortune au
moins aussi précaire que la sienne, avec une famille
ruinée et nombreuse, avait trouvé le moyen de pénétrer
dans un milieu de jeunes gens influents, riches, où son
avenir était assuré. Pourtant, il ne l'enviait pas ; il ne
souhaitait pas d'être, comme lui, flatteur, insinuant et
malin, merveilleusement organisé pour exploiter les faiblesses, les petitesses et les amours-propres.

Et il allait, en faisant ces réflexions, parmi la foule
animée et bruyante du quartier des Halles. « Je suis sûr
qu'ils ont tous, là-bas, pour moi, un mépris énorme, mais
cela me serait bien égal, si je gagnais seulement deux
mille francs par an. » Il était sans colère devant
cette déception nouvelle. Son état était plutôt une
résignation ironique et douce, tempérée par la certitude
d'une revanche prochaine sur tous ces hasards malveillants
qui, depuis quelques mois, se jouaient de lui. Il marchait,
par moments un sourire discret aux lèvres, regardant
les passants avec sympathie, s'amusant aux petits spectacles de la rue, confiant en soi, malgré la forme fâcheuse
de sa destinée actuelle. Car, dès que nous nous mettons à
nous révolter contre l'égoïsme humain, une amertune
invincible nous envahit, ébranle nos nerfs et nous rend
impropres aux actes énergiques de la vie ; si, au contraire,
nous le jugeons naturel et excusable, comme la condition
essentielle de l'existence de tout le monde, nous restons
calmes, lucides et forts. Et un peu de ce sentiment, que
nous sommes chacun en pleine société comme un Robinson dans son île, échoué à la merci d'un sort inconnu,
nous donne de l'audace et de l'industrie.

André raconta son aventure sans laisser percer le
moindre découragement. Henriette dit que ce résultat était
le plus probable et que, pour sa part, elle n'avait jamais

compté sur cette démarche. La tante Borne, alors, parla d'autre chose et la soirée s'acheva paisiblement, André fumant des cigarettes, la vieille dame tricotant et bavardant avec sa nièce.

Ce fut une surprise pour André de recevoir une lettre de Frédéric Lignet ainsi conçue :

« Mon vieux,

« Vu, hier soir, Deruine. Il cherche un secrétaire. Va le voir. Ça s'arrangera peut-être.

« A toi. »

— Il n'y a rien à dire, c'est un bon garçon, dit André en montrant le billet. Mais que diable Deruine peut-il faire d'un secrétaire ? N'importe, j'irai tout de même.

L'étudiant habitait, rue Monsieur-le-Prince, un sévère appartement de vieille maison, haut de plafond et garni de livres. Il faisait sa dernière année de droit et allait être licencié. Un domestique introduisit André dans le salon, puis revint lui dire que « monsieur » l'attendait dans son cabinet.

Deruine accueillit le jeune homme avec affabilité et, l'appelant « cher monsieur », le pria de s'asseoir. André arrêta sa phrase juste au moment où il se préparait à l'appeler « Deruine » tout court ; car, s'étant t ouvé plusieurs fois déjà avec lui à l'École ou au café, il se croyait sur le pied de la familiarité habituelle entre étudiants. Mais, bientôt, apercevant la vaste bibliothèque, un buste de Voltaire sur la cheminée et un de M. Thiers sur un socle voisin, il devint réservé et timide. Deruine lui parut, durant quelques minutes, un personnage important dont il sollicitait la protection.

— Cher monsieur, notre camarade Lignet m'a dit que vous seriez disposé à...

Il chercha une tournure convenable pour éviter le terme de « secrétaire » et ne pas étaler de prétention.

—... à m'aider dans mes travaux. J'en ai précisément en train un certain nombre qui absorbent tout mon temps. Je sais que vous êtes intelligent et que vous serez un jour un avocat distingué.

André s'inclina.

— Si vous le voulez bien, continua Deruine, nous travaillerons ensemble. Connaissez-vous un peu le journalisme?

Il ne prit pas garde à un geste équivoque d'André.

— Êtes-vous au courant de notre politique? Bien. D'ailleurs, tout cela s'apprend.

— Je ne demande pas mieux, reprit André, embarrassé par ces questions.

— Convenu, alors?

— Certainement, certainement.

Deruine ne faisait pas allusion au chiffre des appointements, la seule question qui intéressât André. Il supportait sans mauvaise humeur la petite humiliation d'être le secrétaire d'un de ses camarades, d'un garçon du même âge que lui, à condition, toutefois, qu'il gagnerait sa vie à cette espèce de déchéance.

— Mon cher, dit Deruine, nous commencerons demain.

Et, le considérant à partir de cette heure comme le confident de ses projets, il ajouta en lui touchant légèrement l'épaule :

— Et cet été, mon cher, nous avons une campagne électorale à faire. Je me présente au conseil général, chez moi, dans Indre-et-Loire. Ce sera très intéressant, vous verrez. Rien ne vous retient à Paris ? Vous ferez là, mon cher, vos premières armes dans la politique.

— Pardon, répondit André, je m'aperçois que Lignet ne vous a pas prévenu... d'un... détail. Je suis marié.

Deruine eut un haut-le-corps et s'écria :

— Vous êtes marié ! Mais je l'ignorais. Depuis quand ?

— Six mois.

— Ah ! dit froidement l'étudiant... Une question encore. A quelle époque serez-vous licencié ?

— Je ne... sais pas... reprit André avec hésitation.

— Cette année-ci ?

— Non... des circonstances de famille ont interrompu... momentanément... mes études. J'ai été obligé de gagner ma vie et...

Deruine, qui jouait avec un coupe-papier d'ivoire, cessa soudain cet exercice :

— Mais cela est ennuyeux... très ennuyeux... Lignet aurait dû... Remarquez, cher monsieur, ajouta-t-il en reprenant sa facilité d'élocution, que je n'ai pas à entrer dans l'examen de ces circonstances. Elles doivent être capitales, puisqu'elles vous ont conduit à une résolution aussi grave que celle d'abandonner vos études. Je comprends parfaitement votre situation, cher monsieur, elle est digne d'intérêt : mais, par malheur, en ce qui me concerne personnellement, je ne peux guère la modifier. En vous proposant d'être mon... secrétaire, c'était une sorte d'association que je vous offrais ; je supposais que vous aviez des ambitions dans le même ordre d'idées que moi, comme beaucoup de nos étudiants d'aujourd'hui. Dans ce cas, vous trouviez ici un appui important, j'ose le dire. Je vous eusse facilité soit l'accès d'un grand journal, soit des relations politiques essentielles. Croyez bien que je regrette notre petit malentendu. Il ne peut se terminer que courtoisement entre collègues.

Il tendit alors la main à André, que ce discours avait un peu étourdi et qui, ayant deviné au premier mot l'embarras de Deruine, avait écouté le reste confusément ; jugeant donc inutile d'insister, il se leva, prit son chapeau :

— Je suis désolé, de mon côté, de vous avoir dérangé au milieu de vos occupations. La lettre de Lignet ne me donnait aucune explication, c'est ce qui m'a induit en erreur. Je ne vous remercie pas moins de votre bonne volonté, monsieur.

— Si, à l'occasion, dit Deruine en le reconduisant, je peux vous être utile...

— Trop aimable !

— A propos, j'oubliais ! s'écria Deruine vivement.

Et il ramena André dans le cabinet.

— Je vous serais très obligé, cher monsieur, de ne dire à personne que j'ai l'intention de me présenter au Conseil général.

— Oh !

— Le bruit pourrait s'en répandre, et cela me contrarierait. Au revoir, donc, cher monsieur.

Dans l'escalier, André eut un petit rire de gorge. « Non, mais je ne me vois pas beaucoup allant raconter à tout le monde : Vous savez, Deruine, il se présente cette année au

Conseil général dans Indre-et-Loire ! Je n'y pensais plus, d'ailleurs... Euh! euh! il est comique. » Et comme la découverte d'un ridicule chez les autres nous donne momentanément sur eux une certaine supériorité, ce léger incident suffit à adoucir l'ennui de la nouvelle et infructueuse démarche d'André. Mais cette jouissance morale ne fut pas de longue durée, car il compara bientôt, machinalement, sa situation à celle de Deruine, un garçon étonnant et supérieurement doué, malgré une excessive préoccupation de soi-même. Était-ce beau, à vingt-cinq ans, d'avoir de son avenir une conception si nette, d'avoir tracé déjà la marche de sa vie avec tant de confiance et de volonté! Deruine savait peut-être depuis des années — il n'était pas impossible qu'il s'en doutât au lycée même — qu'il serait conseiller général à vingt-cinq ans, dans le pays où il possédait des propriétés et où sa famille avait toujours vécu. Il en connaissait à fond la division électorale ainsi que les opinions politiques de tous les cantons. Aux élections prochaines, il se présenterait évidemment à la députation. Probablement nommé, il entrerait à la Chambre à moins de trente ans. « Tout cela est admirable, se dit André, et, au fond, il est bien heureux. Je me contenterais, pour ma part, de savoir ce que je serai dans six mois... Je ne serai pas conseiller général, voilà qui est certain. »

Marié, demain père de famille, presque pauvre, obligé de chercher sa vie dans les voies hasardeuses, parmi la multitude des emplois et des professions, André était séparé d'un homme comme Deruine par une distance immense. Il l'avait vu, à des mots, à des gestes, à la manière de porter la tête. Les classes terminées ensemble, le baccalauréat passé le même jour, les rares instants de rapprochement et de cordialité, tout cela n'avait pas plus marqué sur lui que les traces des pas sur les trottoirs. Il n'y avait plus aucune raison pour qu'ils se rencontrassent jamais. Deruine avait toutes ses facultés tendues vers l'espoir de parvenir. Dès qu'un être ne représentait plus un concurrent et un danger, un auxiliaire ou un ennemi, il cessait d'exister à ses yeux. « Il songe à être ministre, se disait André, et moi à gagner cent cinquante à deux cents francs par mois. Nous n'aurons pas l'occasion de nous revoir souvent. »

Et c'était un soulagement pour lui que de se savoir loin, très loin, et de ce Deruine et de ce Moure, avec son égoïsme expansif et bon enfant, et de Frédéric Lignet, roublard et dur, et de ses autres camarades, tous pareils; il ne retournerait plus au quartier Latin et il allait tâcher maintenant de vivre et de faire vivre les siens, conservant la prétention de faire, lui aussi, dans l'avenir, quelque chose d'original et de fort.

Comme il passait devant l'église Saint-Eustache, le souvenir lui vint que Grenot, son ancien condisciple, était établi dans ce quartier. Il prit dans son portefeuille le morceau de papier sur lequel Moussu, le tailleur, avait écrit l'adresse. « Rue du Mail, c'est sur mon chemin. Qu'est-ce qu'il fait donc, Grenot? Ma foi, épuisons aujourd'hui tous les camarades de collège. »

Il s'arrêta devant un magasin, à l'adresse indiquée. On lisait au-dessus de la porte : *Louis Grenot. Liqueurs en gros. Spécialité de fines champagnes.* Il jeta un coup d'œil dans la boutique, à travers une devanture garnie de flacons de formes et de dimensions différentes, qu'emplissaient des liquides jaunes, bruns ou verts, le prix attaché au col des bouteilles. A l'intérieur, deux clients étaient debout, et un homme, petit, court de jambes, la figure rougeaude, à moitié couverte d'une barbe épaisse et noire, tenait un verre entre les doigts et, l'approchant du jour, faisant scintiller la liqueur, avec une mine de satisfaction. André reconnut le collégien rigoleur, bruyant et assez mal élevé,

qui avait disparu du lycée à la fin de la classe de seconde, sans que personne, d'ailleurs, s'inquiétât de son sort. Extrêmement cancre et vêtu d'ordinaire négligemment, il manquait les classes et se battait dans les rues. André était peut-être le seul avec qui il eût de bonnes relations, et un an environ après son départ, Grenot était venu lui demander s'il ne pouvait pas le recommander par hasard à un tailleur. André l'avait envoyé à Moussu, et, depuis, l'avait complètement perdu de vue.

Il tourna donc la poignée de la porte et entra. Grenot s'avança vers lui et alors écarquilla les yeux.

— Eh!... Imbert!

— Oui.

La face du commerçant s'élargit dans un sourire étonné; il saisit André par les deux bras en s'écriant :

— Ah! mon vieux!... Elle est drôle... Ah! ça, c'est drôle!...

Puis, apercevant ses clients qui l'attendaient, il dit :

— Passe donc dans le fond. Tu trouveras ma femme; je suis à toi dans une seconde.

Et bientôt, en effet, il arrivait riant d'un gros rire :

— Mon vieil Imbert! D'abord, que je te présente à ma femme.

Et, faisant un signe, il lui montra une petite figure de blonde, au nez retroussé, qui s'approchait d'eux.

— Élise, c'est Imbert! André Imbert... Tu ne connais que lui.

Elle tendit la main au visiteur :

— Mon mari me parle de vous à chaque instant.

— Ah çà!, qui est-ce qui t'a donné mon adresse?

— Moussu.

— Le tailleur?... Ah! oui. Quelle dèche! Hé! le pauvre Moussu. Et toi, avocat?

André fit :

— Heu! je me suis marié aussi.

Comme si on lui apprenait un événement extraordinaire, Grenot frappa dans ses mains avec fracas :

— Pas possible!

Et philosophiquement, il ajouta :

— Ah! il s'en passe des choses, quand on reste quelque temps sans se voir. Moi, mon père est mort. C'est sa boutique que j'ai... Un verre de fine, pour causer un brin?

Grenot était réjoui, plein d'entrain et ne se plaignait du commerce que dans la mesure où doit le faire un boutiquier. Ce qui frappa André, ce fut l'absence complète des souvenirs de collège chez son ancien camarade, qui avait pourtant terminé sa classe de seconde. Il ne se rappelait plus le nom de ses professeurs, ni celui de ses condisciples, ni les chahuts auxquels il prenait part. Tout cela paraissait lui être absolument indifférent. Quant aux choses qu'on lui avait enseignées, il ne lui en était pas resté dans l'esprit un seul détail. Il avait perdu toute son instruction, comme on laisse tomber un objet sans importance qu'on ne se donne même pas la peine de ramasser. Jeté au lycée par une fantaisie de son père, il avait failli être rhétoricien, il avait touché au baccalauréat et on eût dit qu'il sortait de l'école primaire avec quelques vagues notions d'histoire et de calcul. Il n'aimait que son métier, la conversation des clients, tout le vulgaire appareil de son commerce, et il sirotait à petits clappements de langue son verre d'eau-de-vie, à la façon d'un ouvrier qui boit la goutte.

Il montra à André sa fille, âgée de deux ans, et fut enchanté d'apprendre que Mme Imbert allait être mère.

— On se verra de temps en temps, pas vrai? Tu viendras dîner une fois avec ta femme.

Pourtant, quand André lui eut raconté ses mésaventures, il se montra surpris. Car il se le figurait dans une situation aisée, possédant de la fortune de sa famille.

— Ça, mon vieux, c'est étonnant. Tu n'as pas de place, toi!

— Non.

— Ah! si je pouvais t'en trouver une, je serais bien content. Mais, dans ce sacré commerce, c'est difficile. On ne connaît que des courtiers en vins ou des bambocheurs. Enfin, nous verrons.

André le quitta, la tête un peu chaude des quelques petits verres absorbés, avec le contentement passager que laisse en nous la vue de gens gais, sympathiques et heureux. La tante Borne, qui ne classait les individus que d'après les services qu'ils pouvaient rendre à André, haussa les épaules au récit de son entrevue avec

Il passait chez lui des journées exquises auprès d'Henriette

Deruine qu'elle traita de « gandin » et augura bien, au contraire, de la rencontre du liquoriste. D'ailleurs, de son côté, elle avait fait des démarches, écrit à toutes ses relations et jusqu'en province à des parents éloignés, dans le but d'obtenir la fameuse place, et elle conseilla à André de ne pas se tourmenter. Une réponse favorable allait arriver infailliblement un de ces jours.

Mais André ne se tourmentait pas. Il était satisfait de son activité, quoiqu'elle fût restée, jusqu'à présent, inutile. Et il se reposa quelque temps, comme après un long et fructueux travail. D'ailleurs, il passait chez lui des journées exquises, auprès d'Henriette, dans les conversations tendres et émues d'amant que rien ne menace. Plus, certes, maintenant qu'au lendemain même du mariage, ils éprouvaient la force de leur amour ; et, lentement, dans les désirs de leur esprit, dans le jeu de leur caractère, dans leur sourire et dans leurs yeux, chaque jour ils apercevaient davantage le secret qui les avait fait s'éprendre l'un de l'autre. L'espoir de la maternité prochaine donnait encore à leur passion une forme plus harmonieuse et plus grave.

C'est pourquoi les détails fâcheux de l'existence matérielle ne les inquiétaient pas outre mesure. D'ailleurs, ils incombaient à la tante Borne qui avait pris ce rôle dans la maison, naturellement. C'est elle qui achetait, payait, utilisait le mieux possible les ressources du ménage et c'est elle qui, aujourd'hui, le faisait vivre uniquement des trimestres de sa rente viagère, qu'elle employait avec un grand génie d'ordre, la défendant sou à sou, en provinciale aguerrie depuis son enfance à ce genre de lutte.

Elle parvenait même autrefois à mettre de côté pour les dépenses imprévues deux ou trois cents francs conquis sur le nécessaire par des prodiges d'industrie. Mais,

aujourd'hui, les charges avaient augmenté et André ne
travaillant pas, les rentes de la tante Borne suffisaient à
peine. Et ce fut un miracle que l'on pût payer les premiers
billets souscrits à Moussu. Quand le deuxième eût été
réglé, le tailleur fit une visite à André. Ses affaires ne
semblaient pas s'être rétablies, car il portait des vêtements
tachés et râpés; un simple veston boutonné jusqu'au cou,
par une fin d'hiver aiguisée d'un vent glacial, faisait son
aspect plus pitoyable. Il remercia d'abord le jeune homme
de sa régularité; puis, il lui demanda si sa position s'était
améliorée, et, voyant qu'il se trouvait toujours sans place,
le supplia de lui donner quarante sous pour déjeuner, au
lieu de cinq francs qu'il avait l'intention de lui emprunter
en montant l'escalier. André, qui avait à peine la somme
dans son gousset, fit une grimace, mais se décida devant
la mine misérable de Moussu. Celui-ci, alors, s'enhardit :

— Tenez, monsieur Imbert, il y en a un de service, que
vous pourriez me rendre... Vous n'auriez pas un vieux par-
dessus qui ne vous servirait plus? Je suis plus grand que
vous, mais je n'ai pas les épaules plus larges; je l'arran-
gerais facilement.

— Dame! mon cher Moussu, dit André en souriant. J'ai
mon vieux, le dernier que vous m'avez fait... Je vais voir
dans quel état il est.

— Il sera toujours très bien pour moi.

André sortit pour l'aller chercher et revint, la défroque
à la main :

— Voici, mon cher.

Moussu l'examina, le tourna en tous sens et, apercevant
sur le revers du collet les mots : « Moussu, tailleur », hocha
la tête mélancoliquement :

— C'est moi, pourtant, qui l'ai confectionné, ce par-
dessus, monsieur Imbert... Ah! c'était une autre époque

que maintenant! Les gredins! continua-t-il entre ses dents
en s'adressant à des gens imaginaires.

Puis il endossa l'habit, qui lui allait très suffisamment.

— Merci, monsieur Imbert, dit-il avec satisfaction. Eh!
j'oubliais encore quelque chose, puisque vous êtes si
gentil... Une cravate... Si ça vous est égal de m'en prêter
une des vôtres? Regardez la mienne; c'est horrible. Il n'y
a pas moyen d'avoir l'air sérieux avec une cravate comme
ça, et j'ai justement un rendez-vous cet après-midi.

André se mit à rire et lui fit ce léger cadeau. Moussu
s'examina un instant dans une petite glace placée au-dessus
de la cheminée et s'écria :

— Ah! si ça pouvait réussir?

— Quoi?

— Affaire très compliquée, reprit le tailleur.

Et, baissant la voix :

— Je vous dis cela à vous, monsieur Imbert : affaire de
jeu. Eh! que voulez-vous? C'est impossible, aujourd'hui,
de gagner sa vie dans des professions régulières, dans de
vrais métiers. Je l'ai bien vu moi. Il faut avoir beaucoup de
capitaux ou une chance extraordinaire; sans ça, on est
flambé. Qui est-ce qui gagne de l'argent, maintenant? Les
truqueurs, monsieur André, et c'est tout. Des gens qui
tiennent des tripots, des bookmakers, des fricoteurs de
toutes sortes. Aussi, moi, je suis décidé... On m'a volé, et
si jamais...

— Voyons, Moussu, ne dites pas de sottises.

— Mon affaire, monsieur André, poursuivit-il en le
forçant à s'asseoir et en s'asseyant à côté de lui, peut être
une affaire magnifique.

— Je ne vous demande pas, mon cher Moussu...

— Oh! interrompit le tailleur, elle est honnête... elle est
honnête, répéta-t-il, pour ce qu'elle est. Je crois que je

vais avoir la permission de la police, — quand je dis la permission de la police... vous savez, on s'entend avec le secrétaire du commissaire qui ferme les yeux, — d'organiser une partie, tous les soirs, à l'*Aigle*, le café qui est par ici, au coin du boulevard extérieur.

— Une partie de quoi?

— Baccara, parbleu! tout ce qui est jeu de cartes. On jouera au fond du café, dans une petite salle... Avec une bonne cagnotte, l'argent vient vite, allez!

— Diable! reprit André en riant, ça me paraît délicat.

— Délicat! s'écria le tailleur en haussant le ton malgré lui. Délicat! Mais il y en a des centaines, à Paris, de ces boîtes-là, que la police tolère tant qu'il ne s'y passe pas de scandales. Et puis, la police...

Et il ajouta, en homme qui ne conserve plus aucune illusion sur nos institutions :

— La police, monsieur André, est pleine de truqueurs comme nous... On en fait ce qu'on veut avec des billets de banque.

Le jeune homme, que ces histoires n'intéressaient que médiocrement, se borna à répondre :

— Enfin, Moussu, j'espère que vous ne vous compromettrez pas... Eh! vous n'êtes pas aussi terrible que vous pensez! fit-il en se rappelant le Moussu bonhomme et laborieux de jadis.

— Bon! bon! grommela le tailleur, je prendrai ma revanche. Chacun son tour.

André se leva afin de le congédier et il cherchait un biais pour éviter à l'avenir des visites de ce genre, quand Moussu dit :

— Et vous, monsieur André, vous n'avez rien en vue du côté d'une place ?

Profitant de l'occasion, André répondit :

— Absolument rien, et je vous avoue même que moi aussi, je suis gêné, excessivement gêné. Et tout à l'heure, vous m'auriez demandé plus de quarante sous, que je n'aurais pas pu vous les prêter...

— Ce n'est pas gai. Mais un garçon comme vous finit toujours par se tirer d'embarras.

— Euh ! fit André en hochant la tête, ce n'est pas plus commode pour moi que pour les autres.

— Est-ce drôle tout de même, reprit Moussu qui, debout près de la porte, ne se décidait pas à s'en aller. Quand je pense que j'ai connu votre grand-père à Châtellerault, car je suis de Châtellerault même, vous savez? Il avait une très jolie maison, des propriétés dans le pays, deux chevaux, une voiture, des domestiques. Ah! ce que l'argent fond dans les familles !... Votre père va bien ?

— Très bien.

— Je l'ai vu tout gamin ; il doit avoir trois ou quatre ans de plus que moi. Et il ne vous envoie pas quelques sous de temps en temps?

— Mais, mon pauvre Moussu, il n'en a pas.

— C'est vrai que les terres, maintenant... Encore un joli métier! Décidément, il faut truquer. Je ne dis pas ça pour vous. Vous, vous avez un avenir superbe !

— Euh!

— Moi... continua Moussu sans conviction, je fais le malin... je m'agite... je crois continuellement que je vais gagner une fortune, et puis, au fond, je mourrai peut-être de faim, voilà tout. Tenez ! si mon affaire ne réussit pas, je n'ai qu'à me jeter à l'eau.

— Voyons, voyons, Moussu... avec le travail...

— Me jeter à l'eau, vous dis-je et c'est ce que je ferai. Pour rester des jours sans manger, comme ce mois-ci, j'en ai assez !

— Ecoutez, Moussu, je ne suis pas riche... mais enfin, dans les circonstances graves, si vous ne saviez pas où dîner un jour, vous pouvez venir ici. Je crains bien, mon pauvre Moussu, que c'est tout ce que je pourrai faire pour vous.

Le tailleur lui serra énergiquement la main.

— Merci, monsieur André... Il n'y a encore que les compatriotes... Votre père aussi était un brave homme... Au revoir, monsieur André.

— Bonne chance, Moussu.

— Eh! qui sait? conclut le tailleur en disparaissant.

André, qui avait fait à Moussu cette amicale proposition sans y attacher d'importance, fut surpris de le voir arriver la semaine suivante, un soir, au moment où il se mettait à table. Néanmoins, il l'invita. Moussu semblait, d'ailleurs, vêtu moins piteusement que la dernière fois; il avait les souliers mieux cirés, une chemise blanche, et il était presque rasé de frais. Il s'assit entre André et la tante Borne et commença à manger discrètement. La vieille dame, d'abord le regarda en dessous, impressionnée par sa taille élevée, ses larges mains maigres, et cette calvitie luisante, jaune et comme morte qui a quelque chose d'inquiétant. Les sourcils aussi l'offusquaient. Ils étaient très épais au milieu, rares aux extrémités et faisaient deux énormes points noirs mobiles. La tante

Borne ne trouvait pas une parole à dire et échangeait des coups d'œil avec Henriette. André et Moussu causaient. La voix du tailleur, heureusement, était plutôt sympathique, et même, quand il proférait des énormités, il ne parvenait pas à lui donner un timbre méchant.

Mais Moussu, au contraire, ce soir-là, ne s'exprima que par phrases mouérées et raisonnables. Intimidé au début, il se sentit peu à peu pénétré de la paix et de la douceu que l'heure des repas apporte dans les familles unies, et l'attendrissement le gagna. Ses goûts anciens de commerçant, de bourgeois calme reparurent, et, apercevant un plat qu'il affectionnait, il en fournit à la tante Borne une recette nouvelle qui rendit la vieille dame attentive. Elle l'examina alors sans crainte et ils se mirent tous les deux à causer de ménage et de cuisine.

On prit le café et André, allumant une pipe, en offrit une à Moussu; mais le tailleur avait la sienne dans une poche. Et la soirée, qui s'annonçait longue et fastidieuse, ne fut pas désagréable à André, car il ne détestait pas, parfois, la société de gens un peu vulgaires, ou, du moins, se pliait à eux tout de suite et aisément.

Il avait raconté aux deux femmes l'histoire de Moussu, se contentant d'en passer sous silence les côtés suspects, et la tante Borne ne voyait plus à présent dans le tailleur qu'un négociant momentanément dans l'embarras, qui connaissait André depuis son enfance, ainsi que M. Imbert le père dont elle parlait souvent et qu'elle désirait vivement rencontrer un jour. Elle avait même placé sa photographie à côté de celle de la mère d'André sur la cheminée de la chambre des enfants et ne cessait d'y jeter des regards bienveillants. Le tailleur lui donna sur lui, sur le grandpère Imbert et la grand'mère, sur la maison de Châtellerault, sur la campagne, une foule de détails : elle les réunissait dans sa mémoire avec des détails analogues sur ses parents à elle, morts ou lointains, et s'abandonnait à l'émotion de tous ces souvenirs confus.

Aussi, au départ de Moussu, l'engagea-t-elle à revenir quand ses affaires lui en laisseraient le loisir, et André, n'apercevant pas en réalité d'inconvénients graves à cette fréquentation, ne crut pas devoir s'y opposer. D'ailleurs, il avait toujours supposé que Moussu ne nourrissait pas les terribles projets dont il aimait à s'entretenir et que c'était simplement un vieux garçon, un peu aigri par des malheurs subits et qui rentrerait bientôt dans la vie régulière.

Il revint, quelques jours après, présenter ses hommages à la tante Borne, puis d'autres fois encore. Il assurait que sa fameuse affaire était sur le point de se terminer et qu'il ne manquait plus que de simples formalités à remplir. On le retenait d'habitude à dîner, et, plus à l'aise maintenant au milieu d'eux, il racontait sa vie, ses rancunes et ses espoirs de revanche, ainsi qu'il l'avait fait à André. La vieille dame l'arrêtait au milieu de ses théories par des mouvements d'épaule indulgents:

— Eh! mon cher monsieur Moussu, vous vous fâchez contre tout le monde et vous ne feriez pas de mal à une mouche.

Il répondait par des gestes puissants et de dures paroles à l'égard de la société, et lorsqu'on se moquait trop de lui, il se levait, marchait quelques pas et allait s'asseoir dans un coin, grondant tout bas, comme un chien offensé.

M. Grenot, le liquoriste, qu'il trouva un soir chez André, lui ayant offert une place de garçon de magasin, il la refusa sous le prétexte que tous ses ennuis devaient finir le surlendemain. Et la tante Borne lui dit en soupirant:

— Vous êtes bien heureux, vous, monsieur Moussu.

Car elle songeait que depuis des mois, tous les amis d'André lui cherchaient en vain une place quelconque. Émile Lebeau s'était employé avec un grand dévouement, n'ayant épargné aucune démarche. Il ne se passait pas de semaine qu'il ne lui signalât un emploi vacant chez un banquier ou dans une maison de commerce. André se rendait à l'endroit indiqué et se heurtait toujours à quelque empêchement. Tantôt, il était trop jeune; tantôt, au contraire, on n'avait besoin que d'un gamin; la plupart du temps, les appointements étaient ridicules. Des patrons lui proposaient aussi de lui enseigner leur métier pour rien. Certaines besognes étaient incompatibles avec la tenue et l'éducation d'André. Malgré la recommandation de Grenot, il échoua dans le placement des vins de Bordeaux et des eaux-de-vie, et en un mois il ne gagna que seize francs de commission sur la vente d'une pièce de haut-médoc à un boursier qu'il avait connu chez Linières.

La tante Borne avait fini par s'accoutumer à ces échecs successifs et ne comptait plus que sur ses ressources. Elles devenaient de jour en jour insuffisantes. L'état d'Henriette, qui supportait les approches de la maternité avec un jeune et robuste aplomb, réclamait cependant des soins spéciaux et coûteux. Au commencement d'avril, la tante Borne n'avait pas d'argent pour payer son terme; elle était en retard avec divers fournisseurs et se lamentait toute seule, combinant des projets irréalisables.

L'après-midi, il lui arrivait de demander à sa nièce de l'accompagner à l'église voisine, car elle était extrêmement pieuse, suivait les pratiques de la dévotion, et dans les crises de sa vie, la religion avait toujours ranimé son âme inquiète et chancelante. Les deux femmes s'agenouillaient à côté l'une de l'autre. Mme Borne suppliait Dieu avec ferveur, tandis qu'Henriette, songeuse, laissait errer ses regards dans l'ombre tranquille et sacrée. Elle était saisie d'un respect profond qu'elle n'eût pas pu définir, qui était encore de la piété, mais qui n'était plus la croyance pure et forte de ses jeunes années, et la prière sortait de sa bouche comme un peu ternie déjà, effacée et hésitante.

Puis, elles rentraient à la maison et la tante Borne continuait à vaquer aux soins du ménage, reprise bientôt par des appréhensions et des terreurs de toutes sortes.

Il devenait urgent d'aviser André de la situation. Elle ne le fit qu'au dernier moment, quand elle eut épuisé toutes les manœuvres. Mais elle réfléchit que ce qu'il y aurait de plus simple, ce serait d'emprunter, si cela était possible, un semestre de sa rente, mille francs à peu près, qui suffiraient à rétablir l'équilibre dans les ressources du ménage, à parer aux dépenses qu'allaient bientôt nécessiter les couches d'Henriette, et à attendre qu'André trouvât une situation. Il ne restait qu'à mettre la main sur un des agents d'affaires qui font ces sortes d'avances. André savait qu'il en existait beaucoup dont c'était la principale industrie et, à tout hasard, il demanda à Moussu s'il ne connaissait pas l'adresse de quelqu'un.

— Comment! s'écria vivement le tailleur, mais j'en connais dix, j'en connais vingt!... Il y en a tant qu'on veut. De combien est-elle, la rente de Mme Borne?

— Entre dix-huit cents et deux mille, je crois.

— Tenez, voici le nom et l'adresse d'un homme qui vous arrangera ça très facilement. Vous pouvez y aller de ma part. Je n'ai pas besoin de vous dire qu'il vous prendra des intérêts assez forts...

— Je m'en doute, dit André en souriant.

— Oh! ce n'est pas un usurier, il est sérieux. D'ailleurs,

il y a des espèces de tarifs dans le genre de ceux des compagnies d'assurances, suivant l'âge.

André, le lendemain, se rendit chez M. Ledoux, agent d'affaires, rue de la Victoire, avec les papiers établissant les titres de Mme Borne. M. Ledoux était un jeune homme d'une trentaine d'années, fort poli et soigné de sa personne, n'ayant en aucune façon l'aspect d'un industriel louche. Son installation se composait d'une antichambre de quelques pieds carrés avec quatre chaises et une table

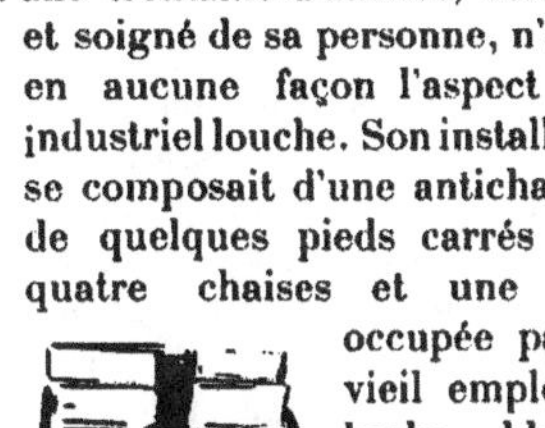

occupée par un vieil employé à barbe blanche qui ouvrait la porte et introduisait les clients ; et d'un cabinet, pièce assez vaste, garnie de dossiers verts amoncelés sur le bureau, la cheminée, des planchettes de bois. Deux fauteuils en complétaient l'ameublement et un coffre-fort dressé entre les deux fenêtres attirait le regard.

M. Ledoux fit asseoir André, puis, tout en l'écoutant, examina avec minutie les pièces que celui-ci venait de lui remettre. Quand André eut terminé, il dit :

— Les choses sont en règle, et je ne vois pas d'obstacle en ce qui concerne les titres. La personne a donc cinquante-neuf ans ?

— C'est cela, dit André.

— Une de vos parentes, probablement ? ajouta M. Ledoux.

— Ma tante.

— L'affaire en elle-même, continua l'agent, est faisable. Seulement, je ne vous cache pas qu'il faudra que Mme votre tante veuille bien se soumettre à certaines formalités indispensables.

— Lesquelles?

— Nos opérations, dit M. Ledoux, sont absolument régulières. Nous avons établi, pour les prêts que nous faisons dans ces conditions-là, autant à des personnes possédant des pensions viagères qu'à des retraités de l'État, par exemple, nous avons établi, dis-je, des tables de mortalité analogues à celles des compagnies d'assurances, offrant les mêmes probabilités, et nous sommes obligés, par conséquent, de nous entourer des mêmes garanties.

— C'est fort naturel, fit André.

— Par conséquent, à l'instar des compagnies nous avons des médecins chargés de nous renseigner sur la santé de nos clients. Il est clair que nous ne pouvons pas prêter dans certains cas, quand les gens sont atteints de maladies constitutionnelles ou que leur tempérament, en général, ne nous offre pas les probabilités suffisantes. Je ne puis donc vous donner de réponse définitive qu'après le résultat de l'examen par un de nos docteurs.

— Oui, oui, murmura André, c'est assez juste.

— Quand voulez-vous que je vous envoie le médecin? Après-demain?... Après-demain matin, alors. C'est convenu.

Ce fut un grand événement pour la tante Borne. Durant le repas du soir, elle ne fit que supputer ses chances de santé, cherchant à se rappeler les maladies qu'elle avait eues depuis son enfance, ainsi que l'âge auquel ses parents étaient morts. Son père n'avait vécu que jusqu'à cinquante ans, mais il avait été emporté par une épidémie, au cours d'un voyage à Marseille; son grand-père et sa grand'mère

ne s'étaient éteints qu'à près de quatre-vingts ans : il est
vrai qu'ils avaient toujours habité la campagne. Sa mère,
morte en couches à son second enfant, ne pouvait servir de
point de comparaison. En somme, on vivait assez vieux
dans la famille. Quant à elle, elle avait eu la fièvre
typhoïde dans sa jeunesse et, aujourd'hui, ne souffrait
plus que d'une légère bronchite qui lui revenait chaque
hiver. D'ailleurs, par une heureuse coïncidence, sa dernière bronchite était complètement guérie depuis la fin du
mois. Elle ne toussait plus. « Ce médecin sera bien difficile, conclut-elle, s'il n'est pas content de moi. Soyez tranquilles, mes enfants. »

Le docteur, un gros homme, portant toute sa barbe et
s'exprimait avec un fort accent du Midi, arriva à l'heure
indiquée. Ses regards, graves et méfiants, se dirigèrent
d'abord vers la tante Borne, qui ne se sentit pas rassurée.
Elle le conduisit, tout émue, dans sa chambre.

Pendant l'examen qui fut long, Henriette et André
n'osèrent pas se parler, comme s'ils commettaient une
action répréhensible. Enfin, la porte s'ouvrit et Mme Borne
parut, souriante et gaie, remerciant le docteur, causant
avec lui d'une façon familière. Elle embrassa sa nièce,
murmurant à son oreille :

— Il a trouvé que je n'avais rien, ce jeune homme?

— N'est-ce pas, docteur? ajouta-t-elle en se retournant,
la santé... hé?...

Le médecin, en se retirant, prononça :

— Madame jouit d'une excellente santé pour son âge.

Quelques jours après, la tante Borne allait en personne
chez l'agent d'affaires et recevait mille francs pour une
délégation de dix-huit cents sur la rente viagère, à toucher
sur les deux semestres qui suivaient. M. Ledoux, qui avait
pour habitude de flatter ses clients, lui expliqua que les

intérêts n'étaient pas plus considérables, à cause des excellents renseignements fournis par le docteur sur l'état de sa santé, et lui dit encore en la reconduisant avec mille politesses :

— Toujours à votre disposition, madame.

« Hé! songea la tante Borne, j'espère bien que nous n'aurons plus besoin de toi, garnement! »

André offrit à Moussu de prélever sur la somme une modeste commission; mais celui-ci refusa en tirant des pièces d'or de sa poche, et les faisant sautiller dans sa main :

— J'ai touché un peu d'argent, je vous remercie, monsieur André.

— De votre affaire?

— Oui. C'est conclu. Nous commençons demain à l'*Aigle*, sur le boulevard extérieur, le beau café qui est là, à deux pas. Venez donc nous voir un de ces soirs, vous ne vous ennuierez pas. Il y a des types, et le patron du café qui est bon garçon comme tout.

André quittait rarement la maison après dîner; parfois, il reconduisait Lebeau, lorsque celui-ci rendait visite au ménage, et, de temps à autre, allait jouer avec l'employé une partie de billard. Un samedi, ce fut Henriette qui lui conseilla de sortir pour se distraire et il eut la curiosité de voir l'installation d'un de ces tripots, moitié clandestins, moitié tolérés, que la police, suivant son humeur, ferme ou laisse vivre quelques semaines.

Celui que Moussu, à la suite de démarches innombrables et de protections louches, avait réussi provisoirement a installer, était formé d'une arrière-salle du café de l'*Aigle*, qu'un couloir étroit et éclairé par un seul bec de gaz séparait de la salle principale. On y entrait soit par ce couloir, soit par une porte donnant sur une rue peu fréquentée. Dans la journée et le soir jusqu'à neuf heures, rien ne

décelait l'industrie suspecte qui s'y pratiquait. Il y avait
contre le mur des tables de marbres entourées de chaises,
et, au milieu, une table épaisse en bois de chêne. On pouvait se croire dans un petit café de province. Mais dès que
l'heure convenue sonnait, le patron, gros homme entière-

ment rasé, avec un ventre en pointe et de terribles épaules,
arrivait mystérieusement, allumait tous les becs de gaz et
disposait les chaises. Alors, un à un, les habitués, soulevant
la portière, venaient s'installer : d'autres cognaient à la
basse porte dont on tournait la clef aussitôt. Ils se saluaient
à peine entre eux ; deux ou trois qui se connaissaient
davantage échangeaient des poignées de main. Puis, le
patron étendait sur la table un tapis de gros drap bleu,
apportait des cartes, et la partie commençait. On jouait au
baccara, principalement, et ce n'est qu'à défaut d'un assez
grand nombre de joueurs qu'on se contentait de l'écarté
ou du poker.

André fut introduit par Moussu. La société se composait
ce soir-là d'une quinzaine d'invités, rien que des hommes,

les femmes n'étant admises sous aucun prétexte. L'un d'eux taillait une banque. André s'avança et regarda curieusement, car le spectacle du jeu était nouveau pour lui. Il se trouvait dans une société de gens, vêtus comme des bourgeois, en redingote ou en jaquette, d'apparence respectable, qui n'auraient pas été déplacés dans un tripot d'ordre supérieur. Quelques-uns étaient des négociants du quartier, ayant la passion du baccara, qui ne voulaient pas être membres d'un vrai cercle et préféraient venir à l'occasion risquer des pièces de cent sous qui tintaient dans leur poche; cinq ou six employés essayaient d'augmenter leurs appointements et lançaient sur le tapis des pièces d'un ou deux francs, — car tous les enjeux étaient permis — avec des mines inquiètes. Des figures moins faciles à classer se remarquaient aussi : un Anglais, glabre et trapu, qui tenait à la main des billets de banque et qui pouvait être un domestique de bonne maison ou un garçon de bar, ou bien un de ces bookmakers incertains de la pelouse ; un jeune homme à l'air intelligent, moustache blonde et fine, jetait sur les joueurs des regards froids et pontait un louis tous les trois ou quatre coups. Lorsque André entra, causant avec Moussu, il le dévisagea attentivement, puis détourna la tête.

Le rôle de Moussu dans la société semblait être celui d'un surveillant affable et correct, mettant chacun à l'aise et veillant à ce que les choses se passent correctement. Il avait un sourire heureux d'homme satisfait de l'existence et dont les désirs sont comblés. Il jugeait les coups, les commentait, comptait mentalement les mises et, parfois, faisait des signes au patron. Ce dernier se détachait de quart d'heure en quart d'heure à peu près, pour se montrer aux autres consommateurs de son établissement.

Il aurait fallu un œil plus expérimenté que celui d'André

pour reconnaître parmi les joueurs les naïfs et les roublards, les exploiteurs et les victimes, ainsi qu'un flair plus aigu des vices parisiens pour distinguer dans l'air une subtile odeur de vol et de chantage. André ne ressentait que l'espèce de méfiance vague que la seule vue du jeu donne à ceux que cette passion n'anime pas; mais il n'était pas loin de croire qu'il se trouvait simplement en présence de bons bourgeois se livrant à une petite débauche en cachette de leurs familles, ce qui était, d'ailleurs, la vérité pour quelques-uns.

Moussu, qui avait servi évidemment d'intermédiaire entre tous ces intérêts suspects, s'entretenait avec lui pendant les entr'actes des banques, lui fournissait des explications.

Le patron s'approcha et demanda à André s'il ne désirait pas prendre une consommation.

— Voyons, un bock ou une cerise à l'eau-de-vie?

André accepta. Le patron s'assit en face et ils trinquèrent.

— Vous n'avez jamais joué?

— Jamais, dit André. Je vous avoue même que je n'en ai pas envie. Le jeu m'amuse plus à regarder qu'à pratiquer. Je ne suis venu que par curiosité.

— Oui... oui... Moussu m'a raconté. Mais vous n'êtes pas du tout forcé de jouer, ici.

— M. Imbert, dit Moussu, est un garçon sérieux, mais il faut bien passer ses soirées quelque part, n'est-ce pas? A propos, monsieur André, pendant que j'y pense, je vais vous présenter quelqu'un qui pourra vous être utile, M. Richard, un employé de commerce. Tenez, ajouta-t-il à voix basse, il vous trouverait une place, celui-là, que ça ne m'étonnerait pas.

Et, d'un mouvement de tête, il appela le jeune homme blond et fier qui maniait des louis.

— Monsieur Imbert... M. Richard, voyageur de commerce.

M. Richard serra la main d'André et commanda un bock. La partie reprit ; plusieurs autres joueurs pénétrèrent dans la salle. Un petit, étriqué, avec un tic dans le visage qui découvrait à chaque instant ses dents jaunes, s'assit à une place vacante autour de la table.

— Regardez celui-là, monsieur André, dit Moussu, ce qu'il est drôle ? Vous ne savez pas qui c'est ?

— Comment voulez-vous ?...

— C'est un marchand du boulevard Ornano. Tous les soirs, quand il a fermé sa boutique, il vient ici et il dit à sa femme qu'il va jouer aux dominos avec des clients... Ah ! il est vicieux, celui-là ! ajouta-t-il avec un sourire indulgent. Il s'appelle Legros, le père Legros.

Le père Legros était, en effet, comique à voir. Il tirait de sa poche des pièces de monnaie, les conservait dans sa main, et, jetant autour de lui des regards soupçonneux, les plaçait sur le tapis d'un geste rapide et retirait aussitôt le bras comme s'il avait peur de se brûler.

André s'amusa de toutes ces manies de joueurs, ridicules et navrantes à la fois, de toutes ces figures excitées ou abattues, en proie à une des plus étranges et des plus capricieuses de nos passions.

A dix heures et demie, une banque venait de finir : il se retira. Le banquier, un monsieur rouge de visage, très petit, les cheveux redressés sur la tête, avec une grosse chaîne de montre qui traversait son gilet — un rentier, dit Moussu — frappait un coup de poing sur la table.

— C'est trop de guigne, à la fin. Je ne reviendrai plus ici !

L'Anglais murmura, impassible :

— Il disait cela tous les soirs et il revenait toujours le lendemain.

Et il se remit à ponter flegmatiquement contre le banquier qui lui succédait.

— A bientôt, monsieur Imbert, fit le patron.

— Je ne dis pas non.

Il y retourna deux ou trois fois encore, par désœuvrement, pour ne pas se coucher de trop bonne heure, attiré aussi par tout le pittoresque du jeu et des joueurs. La veille d'une fête, Moussu lui recommanda de ne pas manquer la réunion, car la partie devait être particulièrement acharnée. On présentait un monsieur très riche, un étranger, un fanatique du baccara et qui, membre de plusieurs cercles importants, avait la manie de venir jouer jusque dans les plus bas tripots, jusque même dans les bouges crasseux de faubourg, auprès desquels la salle clandestine de l'*Aigle* était un club élégant. Moussu donnait tous ces détails avec délectation, un sourire bonhomme sur les lèvres.

— Vous venez, c'est entendu?...

— Oui, oui, répondit André.

Quand il entra, les habitués de l'*Aigle*, plus nombreux qu'à l'ordinaire, étaient groupés autour de la table sur deux rangs, les uns assis, les autres debout, jouant par-dessus l'épaule des premiers.

Les pontes chuchotaient, riaient, étaient familiers entre eux, car le banquier perdait une assez grosse somme et ne semblait pas disposé à abandonner la partie. Il ne montrait même aucune mauvaise humeur, se plaisantant sur sa déveine, mais, cependant, très correct, en redingote noire, une décoration à la boutonnière. C'était le gentleman amené par Moussu. Il tenait toutes les banques, sortant sans ostentation un portefeuille où s'apercevaient les larges coins bleus des billets de mille francs. Et les joueurs, excités, profitaient de cette aubaine inespérée, ne conservant plus aucune prudence dans le maniement de leurs enjeux.

André prit d'abord une consommation à une des petites tables, échangea quelques mots avec le patron et Moussu qui s'étaient assis en face de lui, puis se leva et examina la partie, en fumant une cigarette. La chance semblait tourner un peu et le banquier avait gagné trois coups de suite; mais comme il perdit le quatrième, les pontes jugèrent que la veine ne revenait décidément pas et se lancèrent de nouveau avec acharnement. La fin de la banque ne fut pas bonne pour eux et ils attendirent impatiemment que le banquier en prît une nouvelle, afin de rattraper leurs bénéfices antérieurs.

Celui-ci demanda une chartreuse, quitta sa chaise pour se dégourdir les jambes et se mit à fumer un gros cigare garni d'une bague dorée. On se reposa cinq minutes environ. La partie recommença dans un grand silence. Ce fut pour les pontes une déroute de tout leur argent qui fuyait vers le banquier : or, billets, pièces de cinq francs et de quarante sous, pêle-mêle; des gestes brusques et nerveux plongeaient dans les poches, allant jusqu'au fond chercher de la monnaie égarée; les abatages se succédaient, définitifs, tombant parmi les grondements sourds des joueurs affolés. La salle était emplie d'une fumée épaisse qui montait autour des becs de gaz; des jurons roulaient dans l'air. Moussu et le patron, sans se parler, sans se regarder, se tenaient côte à côte, debout près de la porte.

— Tout à coup, un des pontes, saisissant deux cartes, les compara à la lumière; puis, frappant la table d'un énorme coup de poing, hurla :

— Sacré... Nous sommes volés. C'est une portée!

Le banquier écarta son siège, prêt à se défendre. Des

exclamations et des cris s'élevèrent; plusieurs pontes se
jetèrent sur le paquet de cartes, d'autres rentrèrent pru-
demment leur enjeu dans leur gousset, attendant les
événements; l'un d'eux empoigna une chaise d'un mouvement furieux, comme pour fondre sur le voleur. Le
patron et Moussu entouraient celui qui venait d'occasionner un tel scandale et le sommaient de se rétracter.

— J'en suis sûr! on n'a qu'à compter les cartes. Vous et
le banquier vous êtes tous des filous!

Le banquier, très calme, à peine rouge, haussait les
épaules et se disposait à enfouir son gain, quand quelqu'un
l'arrêta :

— Tout à l'heure, monsieur, tout à l'heure. Laissez cela;
il faut attendre qu'on ait éclairci les choses.

— C'est ignoble! dit Moussu à haute voix.

André, qui s'était d'abord mêlé aux groupes, revint
s'asseoir pour assister à ce drame en simple curieux.

— Oui, c'est une infamie, des choses pareilles! dit
Moussu en se retournant vers lui.

Mais on ne parvenait pas à désarmer le premier joueur
qui, se sentant soutenu par la galerie, se répandait en
invectives de tout genre.

— Vous! fit-il, en s'adressant à Moussu, vous n'êtes
qu'un escroc. Je vous ai déjà vu dans un tas de tripots.
C'est vous qui avez amené ce grec ici.

— Monsieur!

— Et le patron aussi! Et tous vos amis! Vous êtes des
voleurs!...

Et, les yeux injectés, il se jeta sur Moussu qui se recula
du côté d'André. Celui-ci se contenta d'étendre le bras pour
se garantir.

— Voyons, monsieur, dit-il, calmez-vous.

Le joueur, alors, regarda André fixement :

— De quoi vous mêlez-vous ! Et puis, qu'est-ce que vous venez faire ici ? Vous n'avez pas joué un coup de toute la soirée.

Et pris d'un nouvel accès de fureur.

— Vous êtes donc de la bande, aussi ?

André, qui était resté très froid, s'échauffa à son tour :

— Est-ce que vous êtes fou, dites ? Tâchez de me laisser tranquille.

Et, voyant que l'autre, maintenant, négligeant Moussu, semblait prêt à bondir sur lui, il se dressa ; mais sa cuisse, en se détendant, heurta le marbre de la table et il poussa un cri de douleur.

— Tiens ! voilà pour toi ! dit le ponte, en lui envoyant un coup de poing qui l'atteignit au défaut de l'épaule et le rejeta contre le mur.

C'était le premier acte de violence. Aussitôt les discussions cessèrent et l'attention générale se concentra sur les combattants. André, qui ne s'était jamais trouvé dans une bagarre, devint d'abord fort pâle devant cet agresseur écumant et hors de lui. Sa jambe, encore engourdie du choc, le soutenait mal ; pris entre la chaise et la table, déjà bousculé violemment, il était tout empêtré. Mais, en trois secondes, la chaleur lui remonta aux yeux, les dispositions hostiles de l'assistance l'excitèrent. Il se dégagea, crispa les poings, et, d'une rude détente des muscles, frappa le joueur en plein visage. Celui-ci vacilla, se retint à l'un des spectateurs, puis, baissant la tête, se jeta en avant. Ils se prirent à bras-le-corps, et, un instant, trépignèrent, faisant le vide autour d'eux, renversant les sièges, se cognant aux tables, tournoyant dans la poussière sortie du plancher, avec la fougue de deux gars solides, enlacés et furieux. Puis, ils tombèrent en poussant un « han ! » étouffé. André était dessous et, de ses deux mains, écartait la poitrine de l'adversaire qui le frappait au hasard à coups de genoux dans les côtes, à coups de poing dans la figure.

Alors, on put les séparer. Et comme ils se relevaient, on entendit dans le couloir qui précédait la salle les pas

sonores et le cliquetis de ferraille de deux gardiens de la paix.

— On se bat donc, ici? cria le premier d'une voix faubourienne.

Les joueurs avaient repris subitement des attitudes naturelles; le tapis de la table de jeu avait disparu.

— Ce n'est rien, messieurs, fit le patron.

— Rien? Elle est bien bonne! Regardez-moi cette tête-là, dit-il, en désignant André qui saignait du nez et dont le front et les oreilles écorchés étaient tout rouges.

Puis, il murmura à l'oreille du gérant :

— Vous savez ce qu'on vous a dit, vous! A la première bagarre, fermé! Allons, messieurs, continua-t-il, avec un

accent d'autorité et en s'avançant, suivi de son collègue,
vos noms, et dépêchons-nous.

Comme les combattants, ayant rapidement arrangé leur
cravate et leurs habits, semblaient deux messieurs, il
devint plus poli :

— Pour cette fois-ci je ne vous conduis pas au poste. Je
vais prendre seulement votre adresse; le commissaire de
police vous interrogera après-demain, puisque demain
c'est fête.

Ce fut pour André et pour l'autre un grand soulagement.
André surtout, qui avait l'habitude de rentrer vers dix
heures et demie, jeta un coup d'œil sur l'horloge : elle
marquait minuit moins un quart. Il chercha en vain
Moussu et se hâta de remplir les formalités réclamées par
l'agent.

— Je puis me retirer? demanda-t-il doucement.

— Allez!

— Voulez-vous vous passer un peu d'eau sur la figure?
dit le patron à André.

— Merci, je ferai ça chez moi.

Il sortit de la salle. Dans la rue, il constata que, sauf
une douleur dans le flanc, il pouvait facilement courir. Il
tâta sa mâchoire avec ses doigts par-dessus la joue pour
voir s'il n'avait pas quelque dent cassée, reconnut que tout
était en ordre et regagna son domicile, frémissant à la
pensée que les deux femmes, inquiètes, devaient l'attendre
depuis plus d'une heure.

Il monta l'escalier. Henriette, qui guettait sa rentrée,
entr'ouvrit la porte et parut tout habillée, une bougie à la
main. Quand elle l'eut levée à la hauteur de son visage,
elle murmura d'une voix effrayée :

— Mon Dieu! qu'est-ce que tu as? Tu as été attaqué
dans la rue?

— Non, non, ce n'est pas grand'chose; rentrons vite, je te raconterai.

Mais, dans l'antichambre, Henriette vit le sang qui lui coulait du visage et rougissait sa chemise. Elle appela :

— Ma tante! ma tante! dépêche-toi.

La vieille dame accourut, dévêtue à moitié, et faillit s'évanouir.

André tomba dans un fauteuil.

— Ouf! je ne suis pas fâché d'être assis.

— Vite! de l'arnica! s'écria la tante Borne.

C'était son remède préféré dans toutes les émotions et tous les accidents. Henriette présenta un verre à son mari et, pendant qu'il buvait, le serrait contre elle, entre ses bras, tremblante et les yeux mouillés.

Puis André alla se bassiner le visage et conta l'histoire.

— Il y a eu une bagarre. Et je ne sais pas pourquoi, un hasard, car je ne faisais que regarder, quelqu'un est tombé tout à coup sur moi; nous nous sommes battus... voilà.

— Mais enfin, dit Henriette, une bagarre à propos de quoi?

— Le banquier trichait, je crois... Il a été pincé par un des joueurs.

— Mais, toi, tu ne jouais pas?

— C'est dans la mêlée qui s'est produite. Heureusement que ça n'a pas trop mal fini. J'en serai quitte, j'espère, pour avoir les yeux pochés.

— Oh! le jeu! dit la tante Borne, en levant les bras en l'air... Et à propos, M. Moussu, il ne t'a donc pas défendu, lui?...

— Moussu! Je ne sais pas du tout ce qu'il est devenu. Ah! diable, j'oubliais le plus ennuyeux. Il a fini par venir deux gardiens de la paix qui ont pris nos noms... Ça me

*Il la déshabilla avec mille soins délicats, lui embrassant
les bras et les épaules.*

force à aller m'expliquer devant le commissaire de police. Au fond, ce n'est pas grave; ce n'est qu'un malentendu. Je ne lui en veux pas, à ce joueur, d'ailleurs. Il avait perdu, il était comme fou. Il s'est jeté sur le premier venu...

— Mon pauvre petit, fit la tante Borne, mon pauvre petit! Bassine-toi encore un peu les yeux et couche-toi.

Et, en manière de réflexion, elle ajouta :

— Il ne faudrait jamais sortir le soir dans ce Paris!

— Et toi, ma chérie, es-tu rassurée? dit André à Henriette dès qu'ils furent seuls.

— Oui... Mais c'est que j'ai eu justement, ce soir, quelques douleurs...

Et elle montra sa taille gonflée.

— Ç'a été très court.

Alors, il s'attendrit subitement, presque jusqu'à pleurer, la conduisit sur le lit et la déshabilla avec mille soins délicats, lui embrassant les bras et les épaules.

Le lendemain, au réveil, il courut se regarder dans une glace. Des croûtes légères commençaient à se former à son front et à son nez, et au-dessous de ses yeux un cercle rougeâtre se dessinait jusqu'au milieu de la joue.

— Je suis affreux! Le commissaire de police ne pourra pas dire que je suis un malfaiteur bien redoutable. J'ai dû être roué de coups.

Quelqu'un, vers le soir, sonna chez lui et demanda à parler à M. Imbert pour affaires particulières.

André aperçut un petit être maigre, aux pommettes saillantes, avec des mèches de cheveux allant d'un bout à l'autre de son crâne et couvrant mal une calvitie qui luisait par places, çà et là.

— Monsieur Imbert?

— C'est moi.

— Je viens pour... l'affaire d'hier soir.

— Vous êtes?

Le visiteur reprit d'un ton dégagé :

— Je vous en prie, monsieur, ne perdons pas notre temps à nous poser des questions oiseuses. Mon nom ne vous apprendrait absolument rien et, d'ailleurs, ajouta-t-il, en tapotant une de ses mèches qui avait une tendance à s'éloigner, d'ailleurs, je ne le porte pas. Mettons que je suis un conciliateur.

— Je comprends de moins en moins.

— Monsieur, vous serez appelé demain devant le commissaire de police du quartier. Vous le savez, n'est-ce pas? Bon! Pour affaire de jeu, dans un tripot prohibé, dans le fond d'un établissement pas très bien famé... Bon!

— Pardon, il y a une légère erreur. Ce n'est pas pour affaire de jeu, comme vous semblez le croire. C'est tout simplement pour une rixe...

— Une rixe! Ah! monsieur, il faut en rire. Je suis au courant des choses. Un de vos voisins, un nommé Moussu, a introduit un grec dans cet endroit que je ne désignerai pas autrement. Ce grec a été surpris en flagrant délit de vol...

— Qu'est devenu Moussu? demanda vivement André.

— Il a disparu. Dans ces cas-là on disparaît toujours. Ce n'est donc pas à propos d'une collision qui, en elle-même, n'a aucune importance, que le commissaire de police vous interrogera, soyez-en sûr.

— Mais je ne jouais pas; je ne joue jamais, je n'ai jamais touché une carte!

— Ah! monsieur, dit le petit homme en se balançant sur sa chaise, vous paraissez trop intelligent pour invoquer des raisons aussi puériles. Il y a eu un scandale dans un tripot borgne, à votre sujet, juste au moment où un grec était pincé, trichant au jeu... Voilà le fait, monsieur, voilà le fait; il n'est pas question d'autre chose.

André, nerveux, marchait autour du visiteur.

— Deux mots au commissaire de police feront cesser cette équivoque.

Le visiteur se mit à ricaner doucement.

— Ne le croyez pas, monsieur ; les commissaires de police sont plus sévères que vous ne pensez, surtout pour ces sortes d'histoires. D'autant plus que, je le tiens de source certaine, M. Muret, un négociant du quartier, va déposer une plainte contre vous.

— M. Muret. Ça, par exemple !

— C'est la personne avec laquelle vous vous êtes colleté. M. Muret a perdu huit cents francs, et si, pour une raison ou pour une autre, vous vous refusiez à les lui faire... retrouver, j'ignore...

— Il est fou et vous aussi, je suppose ! s'écria André. Moi, donner huit cents francs, moi qui connais à peine le baccara, moi qui... Ah ! c'est trop drôle, vraiment !

Et, dévisageant froidement l'individu, il fit :

— A d'autres, n'est-ce pas ? Ce petit chantage ne prendra pas avec moi.

L'autre, sans s'offenser du terme, poursuivit :

— Chantage ?... Des mots, monsieur, des mots !... Chacun a sa petite industrie et profite des occasions. Votre cas est embrouillé. Affaire de jeu, plainte contre vous, coïncidence fâcheuse. Eh ! monsieur, vous vous en tirerez peut-être sans moi, c'est évident. Mais vous aurez une foule d'ennuis, des risques même... Ce ne serait pas la première fois, remarquez-le bien, que la magistrature commettrait une erreur. Bref, vous êtes tombé dans un guêpier... Asseyez-vous donc... Si vous remboursez les huit cents francs, M. Muret s'abstiendra, le commissaire sera forcé de s'arrêter, j'aurai mon bénéfice là-dessus et tout le monde sera content.

— Vous faites fausse route, reprit André, à un point que vous ne vous figurez pas. Huit cents francs! Je n'ai pas huit cents francs de fortune en tout, continua-t-il, amusé maintenant de l'entretien. Vous trouverez facilement, parmi les joueurs de l'autre soir, quelqu'un de plus riche que

moi pour exercer votre petite industrie.

— Je ne me fâche sous aucun prétexte, dit le visiteur en prenant son chapeau. Je reviendrai vous voir dès que vous aurez été reçu par le commissaire de police.

André le conduisit jusqu'à l'antichambre.

— Je suis en proie à une tentative de chantage, dit André à la tante Borne. C'est flatteur.

— Mais la vieille dame gardait de ses mœurs de province une peur instinctive de tout ce qui touche à la police, et, malgré l'assurance d'André, elle demeura inquiète jusqu'au lendemain.

— Une plaisanterie, disait celui-ci en haussant les épaules, une confusion de personnes; un mot suffira pour tout éclaircir.

Il fut convoqué à dix heures du matin par un pli portant le timbre du commissariat et n'attendit pas longtemps sur le banc qui précède le cabinet du magistrat.

Le commissaire tenait à la main un rapport écrit d'une

grosse écriture et, après avoir examiné distraitement André il lui demanda :

— Vous étiez un habitué de l'*Aigle*, n'est-ce pas?

Peu intimidé par cette phrase d'interrogatoire, André répondit :

— J'y suis allé quatre fois et j'y suis resté chaque fois une heure environ.

—Vous y jouiez?

— Je n'ai jamais touché une carte de ma vie.

— Les renseignements que j'ai fait prendre sur vous, poursuivit le magistrat d'une voix bienveillante, sont excellents, en effet. Comment vous êtes-vous laissé mêler à une affaire de cette espèce?

André, d'une voix ferme, protesta :

— Voilà, monsieur le commissaire, où est justement la confusion. Je ne suis mêlé en rien à cette affaire, en rien. Je regardais jouer, ce qui n'est pas un crime, et j'ai assisté à la discussion en simple spectateur. Je me disposais même à me retirer, quand un monsieur s'est précipité sur moi : je me suis défendu comme j'ai pu : Voyez ma figure, monsieur le commissaire.

Le magistrat, pénétré de cette idée que le fait seul d'être innocent implique la possibilité d'être coupable, idée qui domine toutes les formalités de notre justice criminelle, insista sur la présence d'André dans le tripot. Puis il dit, sans paraître attacher aucune importance à ses dénégations :

— J'ai reçu contre vous une plainte signée... *Muret*.

— Mais j'ignore ce Muret! s'écria André. Je ne l'ai jamais vu. Qui est-ce d'abord, Muret?

— Pardon, fit le commissaire, prenant un ton sévère, Muret est un négociant du quartier parfaitement honorable.

— Honorable ou non, il jouait, et moi je ne jouais pas.

— Jouer n'est pas un délit, nous n'y pouvons rien. Vous devriez savoir cela, vous qui êtes étudiant en droit.

— Ah !

— Oui... oui... accentua le commissaire, satisfait du petit mouvement de surprise d'André et comme s'il avait découvert un grand secret.

— Puis-je vous demander alors, en quels termes cette plainte est conçue ?

— Muret soutient, — remarquez que je me borne à répéter ses paroles, — que, de complicité avec un nommé Moussu, qui a d'ailleurs disparu, vous auriez amené un grec notoire à l'*Aigle*, lequel grec aurait dévalisé diverses personnes, et, entre autres Muret, auteur de la plainte.

— Mais c'est de la pure folie ! s'écria André.

— Quoi qu'il en soit, poursuivit le magistrat, je suis en présence d'une affaire de jeu très embrouillée et pleine de difficultés, ainsi que d'ailleurs la plupart de ces affaires ; et si Muret ne retire pas sa plainte sous trois jours, je vais être obligé d'ouvrir une enquête, ce qui m'est fort désagréable, je vous prie de le croire : ce sera la quatrième de cette année. Ce qui vaudrait infiniment mieux, c'est que vous alliez le voir et que vous lui expliquiez vous-même les choses.

Car les commissaires de police, étant les plus pacifiques de nos magistrats, ont horreur des histoires compliquées qui viennent à chaque instant se débattre dans leur cabinet. Ce sont des hommes conciliants et amis du repos, paternels avec les habitants de leur quartier et préférant à toutes les autres les simples histoires de flagrant délit.

Mais André, sûr de lui-même et resté très calme, répliqua :

— Je suis tout à fait décidé, monsieur le commissaire,

à attendre les résultats de votre enquête. Je ne crains absolument rien et je n'éprouve même pas le besoin de de vous répéter que je suis innocent, tant cela est évident pour moi. Quant à M. Muret, voici ce qu'on est venu me demander hier soir...

Et il raconta les faits de la veille, récit qui navra le magistrat.

— Encore une complication ! murmura-t-il, sincèrement désolé. Ah ! tous ces gredins nous donnent bien du mal ! Nous n'en finirons plus !

— Voulez-vous le signalement de ce personnage ? demanda André.

— C'est inutile. Il y en a des milliers de cet acabit, et nous les connaissons tous. Le vôtre sera allé trouver M. Muret de votre part, comme il est allé vous trouver de la part de Muret. Ne vous en occupez pas ; j'aviserai de mon côté et dans trois jours je vous adresserai une nouvelle convocation. Mais je continue à vous donner le conseil de vous occuper en personne de tout cela. Que Muret retire sa plainte, voilà quelle serait la meilleure solution de cette triste affaire. Une enquête ne fera que vous occasionner mille dérangements.

Et il congédia André. Celui-ci sortit et se mit à marcher avec l'ardeur de lutte que nous communiquent les premières injustices que nous subissons, outré de l'indifférence du commissaire devant les graves machinations dont il était victime. Au coin de la rue, il aperçut, traversant la chaussée, l'individu de la veille, qui s'avançait le sourire aux lèvres :

— Eh bien, monsieur ?

— Qu'est-ce que vous voulez encore, vous ? dit André, en fronçant les sourcils.

— Soyez donc raisonnable, continua l'homme d'un

accent empreint de bonhomie, et ne vous faites pas de bile pour quelques billets de cent francs. D'autant plus que je tâcherai de vous avoir une diminution ; votre figure me revient.

Et il poursuivit, comme se parlant à lui-même, avec un mélange d'ironie et de sincérité :

— Il faut savoir se résigner à ces petits ennuis dans la vie !

— Je vous prie de me laisser tranquille, n'est-ce pas ? dit André, je n'ai besoin de personne.

— En tout cas, fit l'homme, si vous tenez à me voir, vous n'aurez qu'à laisser un mot, là, tenez, chez le marchand de vin, au nom de M. Georges.

Et il s'éloigna, remuant les épaules et murmurant :

— Oh ! les jeunes gens !

André arriva chez lui tout frémissant de colère. Mais, aux premières paroles qu'il prononça, il vit la figure consternée de la tante Borne et l'air soucieux d'Henriette.

La vieille dame joignit les mains.

— Quelle infamie, mon pauvre petit ! Qu'est-ce que nous allons faire ?

— Mais je vais me défendre, et avec rage ! s'écria André. Ah ! il veut une enquête ! Eh ! bien, je la ferai, moi, l'enquête.

— Hé ! qu'est-ce qu'il exige, ce monsieur, pour retirer sa plainte ? demanda la tante Borne, après un silence.

— J'aimerais mieux me couper la main que de donner un sou à cette bande de fripons ! dit André furieux.

— André, je t'en supplie, n'exagère rien, murmura Henriette.

Et, avec cette résignation des femmes aux petites iniquités sociales, avec cette crainte presque religieuse de lois qu'elles ignorent et qui leur semblent émanées d'une puissance supérieure, elle lui conseilla de terminer l'affaire, fût-ce au prix d'un sacrifice d'argent.

— Pour l'argent, j'ai une idée, reprit la tante Borne. Au nom du ciel, ne t'obstine pas, mon petit. Hé! nous n'avons pas besoin de nouveaux tracas, en ce moment-ci !

Devant leurs visages désolés, André s'arrêta. Mais, toute la soirée, il fut en proie à un énervement douloureux qui crispait ses doigts et faisait trembler ses paupières; l'énervement de son oisiveté depuis des mois, de ses recherches inutiles, de cette pensée qui lui vint, vulgaire et obsédante comme une superstition, que, peut-être, il n'avait pas de chance. Il aurait voulu résister, se débattre et vaincre par son seul droit. En quelques heures, cependant, son esprit, surexcité, s'apaisa. Il lança à haute voix des injures : « Tas de gredins ! » et ses nerfs se détendirent. Il semble que le sentiment de la révolte contre l'injustice, et non seulement contre celle que subissent les autres mais contre celle que nous subissons nous-mêmes, soit trop âpre pour être longtemps aujourd'hui conservé dans nos âmes. D'abord il nous ébranle tout entiers, nous rend pour un instant généreux et actifs, puis peu à peu il fond au sourire craintif des femmes, il se délaye dans nos petites ambitions quotidiennes de joies et de repos.

L'après-midi du lendemain, la tante Borne s'absenta et, à son retour, montra non sans fierté un billet de mille francs.

— Ça vient encore de cette bonne rente viagère. Hé! il faut bien qu'elle vous serve à quelque chose, mes pauvres enfants ! Je me suis rappelé que M. Ledoux m'avait fait des offres de service pour une autre fois. Il a été étonné d'abord en me voyant revenir si vite. Je lui ai dit : « Monsieur Ledoux, j'ai encore besoin de mille francs, prenez-moi les intérêts que vous voudrez. » Diable ! c'est

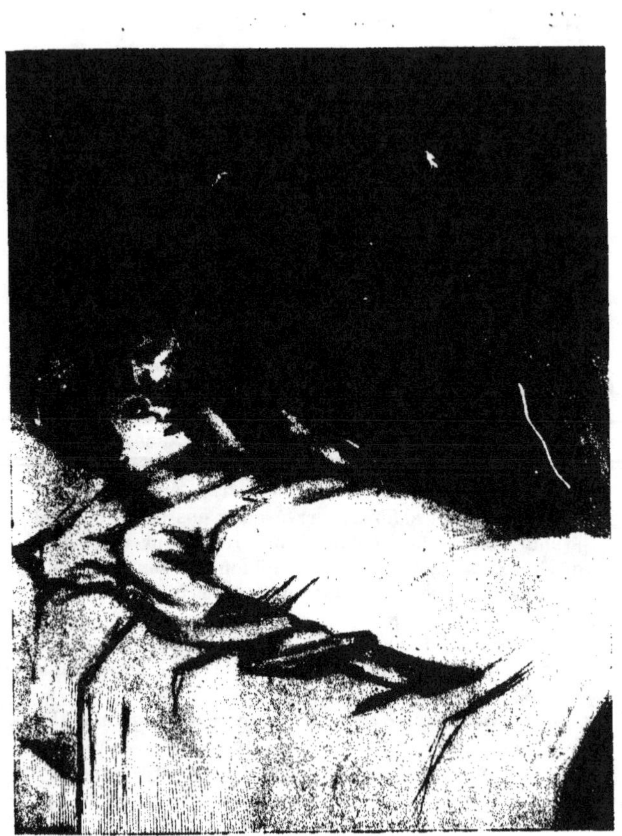

Il l'embrassa au front, laissant ses lèvres longtemps appuyées.

qu'il a été dur, cette fois-ci ; il se faisait tirer l'oreille...
Enfin ! les voici... Bah ! continua-t-elle gaiement, tu es
assez grand garçon, André, pour regagner tout ça.

Le jeune homme l'embrassa, troublé jusqu'au fond de
lui-même. Toute la vie des deux femmes, tout leur avenir
étaient maintenant à sa merci : elles étaient livrées à lui,
n'avaient plus d'autres ressources que son esprit et sa
volonté. Henriette devina les pensées qui l'agitaient et
pencha, en souriant, sa tête sur son épaule, comme pour
lui dire qu'elle n'aurait pas peur tant qu'il serait là. La
tante Borne, d'un air naturel, disposait les assiettes pour le
dîner.

André avait hâte de terminer la sotte histoire où le
hasard l'avait entraîné. Il aimait mieux ne plus discuter et
payer le prix soit de sa maladresse, soit de la malechance.
Un mot écrit à « Monsieur Georges » le fit accourir. Les
conditions furent arrêtées de part et d'autre. Ainsi qu'il
l'avait promis, M. Georges fit à André un rabais et se
contenta de six cents francs pour le désistement du
plaignant. D'ailleurs, comprenant la défiance d'André, il lui
donna les plus sûres garanties, avec les scrupules méti-
culeux et l'espèce de probité que parfois les gens qui
vivent d'affaires louches apportent dans leurs canailleries.
En deux jours, tout fut terminé, et André, délivré, évita
désormais de songer à Moussu, à M. Georges, au commissaire de police, et à tous les êtres au milieu desquels il
venait de se débattre, comme dans un cauchemar.

Le terme de la grossesse de sa femme approchait et l'on
voyait la tante Borne s'agiter du matin au soir, combinant
les mille préparatifs qu'exige la maternité. Elle obsédait la
sage-femme de visites et de recommandations. Elle ne
dormait plus depuis deux nuits et quand les douleurs
saisirent Henriette elle était là, pâle et écrasée, comme

risquant toute son existence à chacun des gestes prudents
et sûrs de l'accoucheuse.

Henriette donna le jour à une fille. André, qui se tenait
dans la pièce voisine, s'approcha alors de la mère, le cœur
frappant à grands coups contre la poitrine, et l'embrassa
au front, laissant ses lèvres longtemps appuyées. Puis il
considéra le nouveau-né qu'on lui présentait, curieusement,
avec la sensation d'inquiétude et de confiance, de peur et
d'amour, qu'éveille en nous cette chair tiède et douce,
animée par les premiers efforts de la vie.

IV

Pour la première fois, M. Imbert père envoya à cette
occasion une lettre qui renfermait un peu d'attendrissement. Il espérait pouvoir embrasser sa petite-fille au
printemps prochain, comptant, en tout cas, qu'on la lui
amènerait dès qu'André aurait le loisir de s'absenter
quelques jours de Paris. Car celui-ci ne l'avait pas mis au
courant des difficultés de sa vie, autant pour ne pas le
troubler dans sa sécurité de campagnard que pour ne pas
décrire et rabâcher ses propres ennuis. Et comme l'oncle
Augustin ne correspondait pas avec son frère, M. Imbert
croyait ou feignait de croire qu'André, à la fuite de
M. Linières, avait trouvé une place analogue et terminait
ses études de droit en même temps. Il était d'ailleurs
convaincu que son fils avait épousé une femme plus riche
qu'il ne lui avait dit.

Lorsque tout se fut apaisé dans la maison et qu'Henriette,
rétablie, se mit à nourrir l'enfant, André se sentit bientôt

Henriette, rétablie, se mit à nourrir l'enfant...

délivré des lourdes préoccupations qui pesaient sur son esprit. Les choses exagérées par son énervement reprirent leur valeur exacte et il examina la situation avec plus de sang-froid. Elle était celle de la multitude des petits ménages bourgeois que le travail du mari doit entretenir presque uniquement et qui oscillent d'une gêne supportable à un bien-être relatif. On ne voit que rarement s'y dérouler les grands drames de la misère, mais on n'y connaît pas non plus les belles fantaisies de l'argent. C'est dans cette zone que se rencontrent le plus de gens pacifiques et joyeux et que l'on trouve les caractères les mieux faits pour résister aux capricieuses conditions de l'existence. Les femmes surtout y sont, en général, d'admirables compagnes de lutte, douées d'un sens aigu de la réalité et sachant donner dans les circonstances graves, comme un général clairvoyant au milieu du combat, l'ordre qui décide et qui emporte.

Mais André était persuadé qu'il n'allait demeurer que provisoirement dans cette situation moyenne d'où les hautes ambitions sont exclues. Considérant sa santé robuste, l'instruction qu'il avait reçue et l'ardeur qui succédait toujours à ses rapides découragements, il envisageait avec confiance la manière dont sa vie allait tourner. Devant lui, quand il rentrait après de longues courses dans Paris, c'étaient des figures reposées et souriantes qu'il apercevait; les yeux noirs et doux de la vieille tante s'agitant sans cesse parmi les soins matériels du logis; le teint chaud et bien portant d'Henriette balançant la petite fille et tendant vers ses lèvres maladroites le fruit rond et blanc de la gorge.

La secousse de la maternité avait comme équilibré les formes de la jeune femme. Sa démarche était devenue plus sûre, son regard plus franc encore. Elle était maintenant une femme complète et pleine de force. Et son esprit sem-

blait s'être dégagé aussi de la crainte vulgaire de l'avenir,
qui, en ces dernières semaines, parfois, l'avait assaillie. Le
passé, les souvenirs très confus de sa famille qu'avaient
maintenus en elle les récits fréquents de la tante Borne,
puis les événements monotones de ses années de jeune
fille, elle venait de les oublier d'un coup, comme si le petit
être en apparaissant eût chassé toutes ces choses indifférentes pour lui.

Un après-midi, pendant l'absence d'André, la tante
Borne, qui n'osait pas prévenir les enfants de la diminution
de ses ressources, ayant fait un mouvement de recul devant
une dépense imprévue, Henriette lui demanda :

— A propos, ma tante, qu'est-ce qu'il nous reste ? Oui,
d'argent ?... Combien avons-nous encore exactement ?

La vieille dame hocha la tête :

— Pas beaucoup, ma fille... très peu même. Mais ne te
tourmente pas, je...

Henriette l'interrompit :

— Je ne suis pas tourmentée. Mais tu comprends,
je tiens à connaître notre position de ce côté-là. Hé ! n'aie
donc pas peur, continua-t-elle, en riant de l'air contristé
de la tante Borne ; révèle-moi ce pénible secret...

Après un long calcul, dont elle ne parvenait pas à sortir,
la tante jugea plus simple d'aller chercher la somme dans
un tiroir.

— Voilà. Trois cents francs moins six francs... Mais
ça ne va pas durer longtemps, ma pauvre petite. Nous
avons à payer là-dessus...

— Bon ! bon ! dit Henriette. Payons.

— Il est vrai, ajouta la vieille dame en baissant la voix,
presque honteuse, que si d'ici la fin, André n'a rien trouvé,
nous avons encore la ressource du...

Et elle s'arrêta.

— Du quoi, ma tante ?

— Hé ! du Mont-de-Piété, pardi ! fit-elle émue.

— Ah ! ah ! ma tante, s'écria Henriette, comme tu as dit ça drôlement ! Est-ce que tu te figures, par hasard, que je suis impressionnée à l'idée d'aller au Mont-de-Piété ? Mais j'irai moi-même au Mont-de-Piété.

— Toi-même, ma fille !

— Moi-même. Ce n'est pas une grande affaire.

— Il vaudra mieux que ce soit moi, si cela devient nécessaire.

Et la vieille dame, consultant ses souvenirs, déclara :

— Je ne suis pas allée au Mont-de-Piété depuis 1876. Tu étais haute comme ça. Enfin, nous pourrons peut-être nous en passer. Sais-tu — moi, cela m'embarrasse de le ui demander continuellement — sais-tu si André a trouvé un emploi ?

— Il en a trois ou quatre en vue. Il doit se décider ce soir.

André, en effet, porté par un de ces rudes efforts de la volonté qui nous rendent à la fois plus heureux et plus lucides, avait trouvé coup sur coup plusieurs emplois vacants. Il s'était présenté avec la résolution contagieuse d'un homme qui veut, avec cette attitude indéfinissable qui trahit une violente énergie morale et nous fait prendre tout de suite au sérieux. C'est ce qui lui avait manqué jusqu'à présent. Vers les gens à qui il demandait quelque chose, il s'avançait d'un air poli, timide et indifférent, d'un air d'amateur qui serait bien content de trouver une place, mais qui n'en a pas autrement besoin, et il ne se doutait pas qu'il laissait l'impression d'un garçon gentil, bien élevé et pas très fixé sur ses propres intentions.

Or, dans la même journée, un chapelier, un architecte et un commissionnaire en blés à la halle lui offrirent du travail. Ce dernier était une pratique de Grenot, le liquoriste, qui avait chaudement recommandé son ami. Malgré la diversité de ces industries, il s'agissait partout d'occupations analogues, de tenir des écritures, de vérifier des mémoires, de voir des clients, besognes vagues, faciles et monotones que guette, avec une patience de sauvages, le peuple innombrable des employés sans spécialités. André se rendait compte que, pour le moment, son cas à lui était exactement celui de tous ces jeunes gens errant au hasard dans Paris, prêts à faire n'importe quel ouvrage pour gagner leur pain, passant suivant les circonstances d'un commerce à un autre, ici faisant des courses, là maniant le livre de caisse ou étalant des étoffes dans les magasins de nouveautés devant les clientes indécises ; philosophes accoutumés aux incertitudes de la vie, munis la plupart d'une instruction moyenne interrompue par des accidents de famille ou de fortune, et qui s'étaient jadis destinés à des professions supérieures. Quelques-uns , dans ces continuelles recherches, font des fortunes imprévues, d'autres tombent dans la plus basse misère , d'autres deviennent à la longue de vieux êtres résignés et soumis, ne demandant à la société que de ne pas mourir de faim.

A l'instant où, entre ces trois places, André allait opter pour le commissionnaire en blés qui lui donnait cent cinquante francs d'appointements, il reçut la visite d'Émile Lebeau qui avait fait, disait-il, une véritable trouvaille : un monsieur , habitant dans le quartier du Jardin-des-Plantes, adonné aux études historiques, qui cherchait un secrétaire. Le sien venait de le quitter pour se marier, et il désirait le remplacer par un jeune homme instruit qui s'intéresserait à ses travaux. Les appointements étaient aussi de cent cinquante francs par mois, et on n'était occupé que cinq ou six heures chaque jour.

— Je suis allé le voir, dit Lebeau ; un des internes de l'hôpital le connaît. Il m'a très bien reçu. Je lui ai parlé pour vous et il vous attend demain.

— C'est que, reprit André, je me suis presque engagé vis-à-vis de mon commissionnaire.

— Il n'y a pas à hésiter. Un commissionnaire en blés, ajouta Lebeau en haussant les épaules, est-ce que c'est votre affaire ? Tandis que l'histoire...

— Enfin ! je vais y songer, mon cher ami ; je vous remercie beaucoup, en tout cas, beaucoup, dit-il en serrant vigoureusement la main de Lebeau.

La tante Borne ne comprenait pas qu'il hésitât. « Études historiques » l'avaient séduite, et elle engagea Henriette à insister auprès de son mari.

André fléchissait. Ce mot de « secrétaire », le quartier des Écoles qu'habitait l'historien, venaient de lui rappeler son entrevue avec Deruine, la petite et inutile humiliation qu'il avait dû subir, les phrases sèches de ses camarades de là-bas. Le matin, justement, ayant acheté un journal du boulevard, il avait lu l'élection de Deruine au conseil général d'Indre-et-Loire. Cette nouvelle était suivie d'une notice élogieuse sur le jeune avocat — car Deruine était inscrit au barreau de Paris depuis la fin de l'année scolaire. L'article parlait de lui comme d'un personnage important, disant son âge, l'endroit où il était né, mentionnant la circonstance où, étudiant célèbre sur la rive gauche, il avait été appelé en consultation par le président de la Chambre, bref, l'annonçant comme un des hommes politiques influents de demain ; le tout en termes affirmatifs et nets qui ne laissaient subsister aucun doute dans l'esprit du lecteur. La notice était signée *Amédée Renaud*. « Amédée Renaud, se dit André, oui, c'est bien cela. » Il l'avait connu au lycée, à deux classes d'inter-

valle. Renaud se trouvait en rhétorique quand il faisait
sa seconde. Ainsi, les premiers de sa génération arrivaient
déjà, se soutenaient entre eux, se louaient dans les journaux, commençaient à entrer brillamment en scène dans
la politique et dans la presse avec la fougue des jeunes
ambitions. Il ne put se défendre, non d'un mouvement
d'envie directe dont son tempérament
était incapable, mais de cette passagère sensation d'hostilité qu'on éprouve
presque toujours devant les succès
hâtifs des gens que l'on a connus
jeunes et ignorés. Mais, en quelques
secondes, il se calma et se mit à sourire des idées mauvaises qui lui étaient
venues. En s'interrogeant avec sincérité, il constata que non seulement
il n'enviait pas, mais qu'il ne regret-

tait pas pour lui-même cette vie brillante où ses condisciples, la plupart, allaient s'engager bientôt.

Il s'avouait qu'il n'avait pas les qualités d'audace et de
confiance en soi qu'il fallait pour les suivre. Dans ces car-
rières qui donnent le pouvoir ou la gloire, la concurrence
est redoutable, sans merci. Il y a des vainqueurs et des
vaincus. C'est un combat continuel et l'on n'arrive qu'en
bousculant tout le monde. Ceux qui ne réussissent pas
restent meurtris sur le chemin, méprisés et bafoués.
Qu'est-ce qu'un homme politique qui ne parvient pas à la
gloire? De pauvres diables qui souffrent cruellement de
leur défaite et de leurs espoirs déçus, que l'amertume, que
la colère finissent toujours par conquérir et par torturer.
Plus jamais ils ne rencontrent les heures de quiétude et
de gaieté qui sourient parfois dans les plus humbles existences, qui font le prix, la douceur et l'excuse de la vie.

André se rappelait aussi des conversations entendues au quartier Latin, au lycée même. Plusieurs de ses camarades étaient déjà saisis de l'idée de devenir un jour célèbres, ou puissants, ou prodigieusement riches. Encore sous le coup des pensums de l'école, ils songeaient à dominer plus tard les autres hommes. Un d'entre eux, dans la classe de rhétorique, étudiait avec acharnement la biographie de nos grands ministres et se préparait déjà à ces hautes fonctions; un autre caressait le rêve d'être académicien. Beaucoup de leurs condisciples trouvaient cela naturel et nourrissaient des espérances analogues. Ce genre d'ambition n'avait point d'écho en lui. Il aimait vivre, sans raison, sans but immédiat et précis, pour le plaisir d'exister, de s'agiter, de fréquenter des êtres semblables à lui et de découvrir des choses ignorées la veille; et son caractère, malgré ses découragements, ses hésitations et ses faiblesses, était très fortement organisé pour supporter l'imprévu.

— Voyons, se dit-il, il faut pourtant que je me décide. Vais-je aller voir ce vieil historien, qui me fera copier ses manuscrits et fouiller dans des dictionnaires? Vais-je entrer comme commis chez un commissionnaire en blés et faire un métier dont je ne sais pas le premier mot?

Il y a un an, il n'eût pas réfléchi longtemps. Il avait encore, à cette époque, le goût de ses études, une vive tendance aux travaux intellectuels. Il songeait encore à être avocat. Mais sa destinée, aujourd'hui, semblait avoir pris une autre tournure. Il ne savait pas bien ce qu'il allait faire; mais il savait qu'à coup sûr il ne serait jamais inscrit au barreau, et il s'y était rapidement et facilement résigné. C'était le pur hasard qui allait maintenant disposer de lui et lui montrer sa voie, un de ces matins, au moment où il s'y attendrait le moins.

Car il ne se représentait pas sa femme, son enfant et la tante Borne réduits à manquer du nécessaire. On ne vivrait pas avec des pressentiments aussi tragiques, pas plus qu'on n'oserait prendre des trains de chemins de fer avec la crainte continuelle de l'accident.

Son seul remords, un remords léger et peu cuisant, était de songer que pendant de longs mois il venait de demeurer dans une inaction presque complète. Il n'y avait évidemment pas de sa faute, car il n'avait pas épargné les recherches. Pourtant, il se figurait qu'avec plus d'énergie encore et de volonté, il aurait pu éviter cette oisiveté fâcheuse qui avait eu des conséquences particulièrement pénibles. La rente viagère de la tante Borne, dissipée à l'avance pour plusieurs années, lui était un sujet de retours assez tristes sur sa conduite, quoique la vieille dame eût supporté cette mésaventure stoïquement. André aurait voulu payer cet héroïsme par quelque acte de courage et de dévouement, par quelque travail difficile et méritoire.

Le fait de corriger des manuscrits pendant cinq ou six heures par jour, chez un vieil amateur d'histoire, lui parut une besogne mesquine. Il lui sembla que, pour conjurer la malchance, ce n'était pas assez de ce banal effort, et il jugea plus viril et plus réconfortant, plus digne aussi d'un cœur hardi, de s'astreindre à un dur travail dont il n'avait ni l'habitude ni le goût. Il vit en cela une façon de s'absoudre des petites fautes qu'il avait pu commettre et, au grand étonnement de la tante Borne et d'Henriette, il se décida pour la place chez le commissionnaire en blés.

— Mon petit, dit la tante, je t'aime bien; mais tu m'avoueras que c'est une drôle d'idée tout de même.

— Bah! reprit André en souriant, pourquoi?

— L'autre place était bien plus dans tes moyens, mon pauvre enfant, et bien moins fatigante.

— Euh! je n'en sais rien.

— Rappelle-toi, André, ce diable d'entrepreneur de maçonnerie qui nous a causé tant de tracas.

— Ce n'est pas la même chose, ma chère tante. A ce moment-là, nous pouvions, à la rigueur, nous en passer : nous avions un peu d'argent.

— C'est vrai.

— Tandis qu'aujourd'hui il faut, ma tante, vous entendez? il faut, reprit André fermement. Croyez-vous que, si je n'avais pas autre chose maintenant, je n'irais pas chez tous les entrepreneurs de maçonnerie du monde ? Et je ferais des choses cent fois plus dures, que diable! Ce n'est pas terrible, à mon âge!

Et il ajouta, en plaisantant, pour ne pas laisser prendre un ton trop grave à la conversation :

— J'avais toujours rêvé de m'occuper de la question des blés.

— Enfin! dit la vieille dame, c'est comme il te plaira. N'importe, moi...

— Et si le vieux savant venait à mourir? fit remarquer André.

— Oh! oh!..s'écria la tante Borne, ne va pas lui porter malheur, au moins! Et toi, Henriette, tu ne dis rien?

Henriette avait deviné, au visage d'André, qu'il ne changerait pas de résolution et qu'il était tout à fait décidé. Elle se contenta de répondre :

— Moi, je trouve qu'André a raison.

Mais, dès qu'ils furent seuls, elle lui demanda en souriant:

— Tu sais que moi non plus je ne comprends pas. Oui, pourquoi cette place plutôt que l'autre?

Il répliqua, en souriant également :

— Écoute, c'est une espèce de superstition. Je ne veux pas retourner au quartier Latin.

Elle le regarda dans les yeux et murmura :

— Fais comme tu voudras, mon ami ; j'ai confiance en toi.

Rien ne parvint d'abord à modifier le pacte qu'André avait conclu avec lui-même, ni l'heure matinale du travail, ni la petite humiliation des ordres brefs et formels qu'il recevait, ou de la mauvaise humeur du patron quand il s'était trompé en quelque point ; et, en comptant parfois, la plume à l'oreille et tête nue, sur le trottoir, des sacs de blé ou de farine, il songeait sans mélancolie qu'il avait passé, pour en arriver là, de rudes examens scolaires, qu'il avait traduit des auteurs grecs et qu'il avait failli être avocat. Mais, en revenant le soir chez lui, il n'éprouvait pas plus le sentiment de la déchéance que les gens qui, vêtus d'une redingote et d'un chapeau haute forme, se salissent en aidant dans la rue à relever un cheval qui tombe. Cela fait partie des corvées inévitables que tout homme qui vit au milieu d'autres hommes accepte par un contrat tacite, et dès qu'on se marie, qu'on crée des enfants, que, profitant de l'existence commune, on se mêle au vaste mouvement de l'humanité, il faut être prêt à les subir toutes, sans dégoût, sans peur. Seuls, les orgueilleux impitoyables et les plus bas égoïstes tentent de s'y soustraire. Et ces raisonnements lui servaient, parmi les besognes quotidiennes, à exciter sa volonté et son courage.

Il se résigna aussi avec la plus grande facilité à une réforme que proposa la tante Borne. Le logement qu'ils occupaient était beaucoup trop coûteux maintenant pour leurs ressources. On avait donc donné congé et, aux heures de loisir, ils allaient en chercher un autre. C'est principalement le dimanche qu'ils sortaient tous les trois dans ce but. Henriette et la tante Borne poussaient alternativement une petite voiture dans laquelle l'enfant était couchée ; on s'arrêtait quand on apercevait un écriteau et André allait prendre des renseignements sur le prix; puis, suivant la réponse, montait le visiter. Mais comme ils avaient reconnu qu'ils ne pouvaient dépasser le chiffre de quatre cents francs,

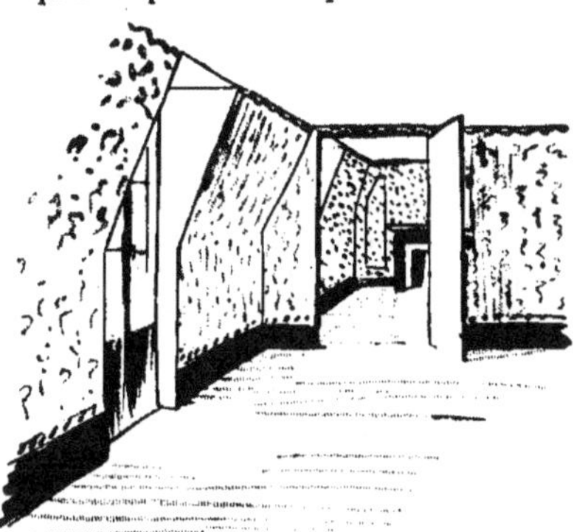

ils se mirent à parcourir les quartiers au delà des boulevards extérieurs et surtout celui de la Chapelle, qui n'était pas éloigné de leur domicile actuel. Il n'y avait presque pas de maison où l'on ne trouvât quelque logement à louer; la plupart étaient obscurs, mal combinés, construits avec le dégoût visible des architectes pour tout ce qui n'est pas luxueux et confortable. Il aurait suffi souvent d'un peu d'application et d'adresse pour les transformer en lieux habitables, et d'un peu de goût pour mettre de la gaieté entre ces quatre murs.

En descendant par les escaliers noirs et graisseux, André jugeait assez pénible d'en être réduit à habiter là avec sa femme et il ne se décidait jamais à donner le denier à Dieu au concierge. Enfin, il trouva au sixième étage d'une maison neuve, d'une maison immense et grouillante de faubourg, pareille à celle où il avait revu Moussu, un logement qui lui parut moins sinistre que les autres. Il y avait une assez large pièce à deux fenêtres, au plafond légèrement incliné en tabatière, il est vrai, mais très claire et dominant les toits voisins; et même en tournant la tête vers la droite, on découvrait un coin de l'horizon de Saint-Denis. Il se composait encore d'une seconde pièce pouvant contenir un lit et qui prenait jour sur la cage de l'escalier, ainsi que d'une toute petite cuisine éclairée par un vasistas. Le logement n'était pas habité et en paraissait plus grand; il était bien nettoyé et le papier à grosses fleurs rouges de la pièce principale vous éblouissait les yeux. La tante Borne et Henriette montèrent à leur tour, accompagnées par la concierge. Celle-ci fit remarquer qu'on avait de l'air par les fenêtres quoiqu'on fût en plein été, à cause de la hauteur; et en hiver, comme toutes les cheminées passaient contre le mur, on s'y chauffait à peu de frais. L'alcôve qui était aménagée au fond de la chambre permettait de dissimuler le lit, ce qui faisait, insista la concierge, que c'était comme si on avait une véritable salle à manger. La tante Borne déclara que la petite pièce sombre était tout ce qu'il lui fallait et qu'on ne trouverait jamais mieux pour le prix. Les voisins du palier n'étaient pas gênants, paraît-il. Il y en avait cinq : trois bonnes, un monsieur d'un certain âge vivant seul, avec lequel ils étaient justement mitoyens, et un ménage d'ouvriers.

Le logement fut arrêté aussitôt par la tante Borne.

Alors, elle en fit avec sa nièce deux ou trois fois encore le tour. André regarda par la fenêtre, puis, se rappelant le gentil et coquet domicile qu'ils quittaient, allait faire des comparaisons pleines de tristesse. Mais il entendit la tante Borne qui murmurait :

— Décidément, nous ne serons pas mal ici ; c'est très suffisant.

Elle désigna ensuite la place des meubles ; Henriett e

pria son mari de tenir le bébé et prit des mesures, et les deux femmes arrangeaient déjà leur existence nouvelle dans ce médiocre logis, sans défaillance, sans regret, sans arrière-pensée, avec le même air qu'elles auraient loué une villa à la campagne pour la belle saison.

Le dimanche qui suivit, la tante Borne, entendant un coup de sonnette, alla ouvrir la porte et se trouva en présence de Mignot, l'ami de l'oncle Augustin qui, l'an dernier, avait demandé la main d'Henriette. Elle poussa un cri de joie et entraîna l'employé, en disant :

— Monsieur Mignot, monsieur Mignot, comme vous êtes gentil d'être venu nous voir !

— Moi aussi, madame Borne, je suis bien heureux de vous voir. Comment vous portez-vous ?

— Hé ! très bien.

Et l'employé demanda timidement :

— Et Mme votre nièce ? et M. André ?

— Tout le monde est là. Je cours les prévenir...

Elle appela ses enfants, persuadée que Mignot venait de la part d'Augustin Imbert. Henriette et André arrivèrent et celui-ci, très cordial, invita l'employé à déjeuner, Henriette insistant, il accepta.

— Donnez-moi donc des nouvelles de mon oncle et de ma tante, cher monsieur Mignot, dit André simplement. Je ne les ai pas aperçus depuis mon mariage.

— Ils sont en bonne santé, merci, monsieur André.

— Vous les voyez toujours fréquemment ?

— Je dîne régulièrement chez eux le dimanche... J'y dîne ce soir.

— Mignot était gêné et ému par l'aspect d'Henriette, par le souvenir de la jeune fille qui lui était resté au cœur. Depuis un an, il n'avait pu se consoler et s'était juré de ne jamais plus se marier maintenant. Henriette et André, au contraire, avaient presque entièrement oublié la petite lutte qui avait déterminé leur union et ils étaient séparés de cette histoire lointaine par toute la largeur de leur amour.

— Naturellement, vous ne connaissez pas notre bébé, monsieur Mignot ?

— Non, j'ai appris la naissance par M. Imbert.

La tante Borne, en effet, avait écrit, à ce moment, une lettre à l'oncle Augustin pour lui faire part de l'événement, conservant toujours l'espoir d'une réconciliation prochaine.

— Je vais vous la chercher, monsieur Mignot, dit Henriette.

— C'est une fille, ajouta la tante Borne.

M. Mignot embrassa l'enfant, au front, doucement, remué jusqu'aux larmes qu'il sentit monter à ses yeux.

— Elle s'appelle Louise, reprit la tante Borne, comme moi. J'ai été sa marraine ; elle a été baptisée il y a un mois aujourd'hui.

L'employé s'appelait Louis, lui aussi, et cette coïncidence redoubla son émotion.

— Est-ce que vous venez de la part de M. Imbert ? lui demanda à voix basse la vieille dame quelques instants après.

— Pas absolument. Néanmoins, je n'aurais pas fait cette démarche sans l'en prévenir. Il l'a approuvée.

— C'est un bien brave homme, murmura la tante Borne.

— Monsieur André ! appela Mignot en se retournant.

André s'approcha. L'employé reprit.

— J'ai une proposition à vous faire et j'espère qu'elle vous sera agréable. Combien gagnez-vous chez Javier, votre commissionnaire ?

— Tiens ! remarqua André. Comment savez-vous que je suis chez Javier ?

— M. Imbert, l'autre jour, vous a aperçu rue des Halles. dans le magasin. Vous étiez en train de jauger un tas de blé.

— C'est vrai, se rappela André en souriant.

La tante Borne le regarda avec fierté, comme si le fait d'avoir été vu par l'oncle Augustin, jaugeant du blé, constituait un acte méritoire.

— Et alors vous gagnez ?

— Cent cinquante francs par mois.

— Oui, évidemment, c'est un chiffre, poursuivit l'employé qui avait débuté autrefois dans le commerce en gagnant quarante francs. Mais permettez-moi de vous le dire, monsieur André, il n'y a aucun avenir pour vous dans cette partie-là. Vous n'êtes pas bâti pour vivre au milieu de marchands de blé et de farine, ajouta-t-il, en cherchant chez la tante Borne une approbation facile.

— Dame ! on fait ce qu'on peut, dit André.

— Vous avez raison, reprit Mignot, il faut prendre ce qu'on trouve, en attendant mieux. Alors, voici à quoi j'ai pensé, monsieur André, et votre oncle a été de mon avis. Je puis vous faire entrer tout de suite, c'est-à-dire d'ici à la fin du mois, dans ma maison.

— Dans votre maison ! ne put s'empêcher de s'écrier la tante Borne.

— Oui, à la « Corbeille », dans la section de la comptabilité, où je suis depuis seize ans. Nous avons, tant à la comptabilité qu'à la vente, deux cent cinquante employés. Il n'y a presque jamais de places vacantes chez nous et nous avons des centaines de demandes pour une qui vient à être libre. J'ai parlé de vous au patron, M. Libérat, avec qui je suis dans les meilleurs termes... vous pensez, seize ans... Je commence à être un des plus anciens... Il vous prend tout de suite, si vous voulez.

— Oh ! monsieur Mignot ! fit la tante en joignant les mains.

— Vous ne gagnerez guère plus que chez Javier, continua celui-ci. Cent soixante au lieu de cent cinquante, Mais vous avez une gratification au jour de l'an et, en outre, vos appointements ne feront qu'augmenter d'année en année. Et, ce qui est à considérer, c'est une place absolument sûre. On n'a renvoyé qu'un employé en quinze ans, et encore pour faits d'indélicatesse plusieurs fois répétés. La maison est excellente, les bénéfices sont solides... C'est un avenir.

Mignot alors s'arrêta, surpris lui-même d'avoir tant parlé. La tante Borne n'attendait qu'un signe d'André pour manifester son enthousiasme, car elle considérait la proposition de l'employé comme la plus grande fortune qui pouvait leur arriver. Souvent déjà elle y avait songé et même avait été sur le point d'aller faire une visite à Mignot : une certaine honte l'avait retenue.

— Eh bien, André ? interrogea-t-elle ?

Celui-ci souriait, assez indifférent en réalité à cette heureuse aventure :

— Quelle est votre opinion, ma tante ?

— Oh ! se contenta de faire la vieille dame.

— Et toi, Henriette ?

— Mais il me semble, répliqua-t-elle, que... il serait préférable... à moins que tu n'aies personnellement quelques raisons, mon ami, de refuser...

— Aucune, dit André, aucune. Mon cher monsieur Mignot, je vous remercie infiniment de vous être occupé de moi.

— Entendu, alors. Avertissez M. Javier demain matin, et dans huit jours vous entrez chez nous.

— C'est parfait, c'est parfait, répéta André.

— Ah! mon cher enfant, que je suis contente! s'écria la tante Borne.

La joie de la tante Borne était d'ailleurs la seule raison principale qui avait décidé André, car l'avenir que faisait miroiter Mignot devant ses yeux n'avait pas exercé sur lui de fascination. Entre une place chez un commissionnaire en blés et une chez un marchand de nouveautés, il n'apercevait pas la différence prodigieuse que l'employé paraissait y voir. Mais il sentait que son refus eût été pour la tante Borne un gros chagrin, et comme, d'autre part, il ne gardait aucune rancune envers son oncle, il accepta cette tentative indirecte de rapprochement.

Quand tout fut convenu, on déjeuna et Mignot resta avec eux jusqu'au milieu de l'après-midi. Dès qu'il les eut quittés, la tante Borne s'abandonna à son bonheur :

— Crois-tu, André, crois-tu !... Ah ! mes enfants, voilà une bonne journée pour moi !

Les deux époux, dans le courant de la soirée, s'entretinrent plus posément de ce léger changement de fortune.

— Vraiment, demanda Henriette, est-ce que tu ne trouves pas cette position plus agréable que l'autre ?

André haussa les épaules :

— Euh! evidemment !... Le travail est peut-être un peu moins dur; par exemple, il est encore plus bête. Mais ça, ça m'est égal. L'important pour le moment est de ne pas arriver à manquer des choses tout à fait indispensables. Oh! ma pauvre petite, ajouta-t-il en la prenant entre ses bras, si tu savais ce que, depuis un an, cette idée m'a hanté, m'a énervé, m'a...

Elle l'interrompit :

— Écoute, André, ce serait une grande folie que de te martyriser l'esprit avec cette crainte-là. Oui, il faut me promettre de ne plus l'avoir, de ne plus l'avoir jamais. Moi, j'en suis aussi éloignée que possible; je ne parviens pas à la faire entrer dans ma tête.

— Pourtant...

— C'est une espèce de foi que j'ai. Je passe ma vie à le dire à ma tante.

— Vous en causez donc quelquefois ? demanda André en souriant.

— A chaque instant, quand tu n'es pas là, reprit la jeune femme. D'ailleurs, moi, c'est bien simple: j'ai passé ma vie à l'entendre parler de ruine et de désolation, de mort, d'accident, de toutes sortes de catastrophes. J'ai tellement pris l'habitude de ces grands mots, que je n'en suis plus effrayée du tout. Et la misère viendrait, la vraie misère, je n'y croirais pas, convaincue qu'elle n'oserait pas rester parmi nous...

Elle alla saisir la petite fille qui grimaçait dans son berceau :

— Vois-tu ça privé de quelque chose ? reprit-elle, devenue toute rieuse et faisant au bout de ses bras tourner l'enfant à la lumière.

Puis, comme elle se mettait à crier, elle l'appuya contre son sein.

— Et la tante, qu'est-ce qu'elle répond à toutes ces belles paroles ? dit André.

— Elle ?... Mais elle est, au fond, très tranquille, j'en suis sûre, malgré ses airs éplorés de temps en temps. Et il faut l'entendre parler de ton avenir...

Et, dans un éclat de rire, elle ajouta :

— On lui dirait que tu seras un jour dans une plus belle position que Mignot lui-même, que ça ne l'étonnerait pas.

Après un silence, André reprit :

— Ce qu'il y a de plus exquis dans toutes ces histoires de places et d'employés, c'est la facilité avec laquelle on passe d'un travail à un autre. On est employé, cela suffit, voilà la profession. L'endroit où on l'est n'a aucune espèce d'importance. J'ai failli apprendre la finance, puis j'ai placé du vin avec Grenot. A propos de finance, Linières m'avait promis de me donner de ses nouvelles. Que diable peut-il être devenu? Il n'a tenu qu'à moi ensuite d'entrer chez un architecte; d'être commis chez un chapelier et hier encore j'étais chez un commissionnaire en blés et farines! c'est très comique. Je regrette de ne pas avoir été chapelier quelques jours. Ah! au fait, tu ne sais pas la dernière de Lebeau? J'oubliais de te raconter ça. Un de ses amis est venu lui proposer une place superbe, d'être le gérant d'une confiserie, avenue de l'Opéra. Ah! ah! est-ce drôle? Il a longtemps hésité entre la confiserie et l'hôpital. Mais il reste à l'hôpital, décidément. Il trouve que c'est plus sûr... Ah! ah! tout cela est combiné bien bizarrement.

Il donna donc sa démission au commissionnaire, qui l'accepta avec mépris. Puis, Mignot le présenta au patron de la *Corbeille*, M. Libérat, qui lui parut un homme solennel et froid et lui rappela son oncle par certaines attitudes. Sa journée d'installation fut navrante, au milieu d'employés silencieux, matés par la hiérarchie des grands magasins, plus stricte et plus réglée que celle des ministères. Mignot

qui, dans la vie ordinaire, était un être effacé et timide,
semblait un personnage parmi les commis d'ordre inférieur.
Il obéissait lui-même à un chef qui courbait la tête dès
que M. Libérat s'avançait dans les bureaux. André accom-
plit sa besogne machinalement, étouffé par cet air de pen-

sionnat, sans l'indomptable indépendance de la jeunesse
que gardent encore les gamins vis-à-vis des plus sévères
professeurs. Mignot lui donna des indications amicales sur
la nature de son travail et la manière de plaire au patron,
il aimait la tenue, la soumission dans le caractère et la
régularité. Lorsque André, vers six heures et demie, quitta
le magasin, après avoir été penché toute la journée sur
des écritures, il était plus las que s'il avait franchi une
distance énorme en courant. Il s'efforça, chez lui, de
paraître gai et satisfait.

11

Mais aucun détail de ses occupations nouvelles ne l'intéressait, n'excitait par quelque point sa curiosité ou son
goût. Chez Linières, il sentait autour de lui de la bonhomie,
un peu de cette insouciance propre aux professions hasardeuses ; dans les courts passages qu'il avait faits à travers
d'autres métiers, il avait trouvé de la fantaisie, de l'imprévu,
quelque chose qui tranchait si violemment avec son éducation, que le contraste en était amusant et suffisait à flatter
son esprit. Il était aujourd'hui comme un animal libre qui
s'apercevrait qu'on le dompte, qui devinerait qu'on va le
domestiquer. Et il songeait qu'il aurait peut-être mieux
aimé gagner sa vie par un labeur d'ouvrier, par un de ces
rudes efforts de la volonté qui sont des sortes de défis
audacieux jetés à la mauvaise fortune et devant lesquels
elle recule parfois.

Il avait, à la sortie du magasin, quelques minutes d'un
ennui morne. Mignot faisait avec lui une partie du chemin, lui parlait de M. Libérat, de la *Corbeille*, de leurs
camarades et lui racontait les histoires qui couraient,
ainsi que celles qui étaient arrivées les années précédentes.
André parvenait à peine à l'écouter ; les paroles bourdonnaient vaguement dans ses oreilles. C'était comme une
conversation indifférente d'étrangers qu'il aurait entendue
par hasard. Et il avait hâte d'arriver à l'endroit habituel
où Mignot, lui serrant la main, rentrait dans son logis.
Car la présence de l'employé, qui ne lui était pas désagréable soit pendant le travail, soit qu'il vînt le dimanche
leur rendre visite, l'horripilait au contraire dès qu'ils se
trouvaient en tête à tête, chaque soir. Il poussait un soupir
de délivrance quand il pouvait le quitter et il se mettait alors
à marcher avec plus d'aisance dans le sans-gêne et la liberté
de la rue ; et la demi-heure qu'il lui fallait pour gagner son
domicile réveillait son esprit de la torpeur de la journée.

Il pouvait considérer aujourd'hui sa position comme
assurée pour un long temps, et cependant jamais, depuis
le départ de son père, il n'avait eu de pensées aussi
tristes. Elles allaient même jusqu'à prendre par moments
une tournure tragique. C'est ainsi qu'ayant vu un jour un
homme écrasé par un omnibus, il songea brusquement au
sort qui serait réservé à sa famille, si un accident analogue
lui arrivait. Il se représentait sa femme et sa petite fille
sans ressources, la tante Borne désolée et errante par la
ville. Il finissait par se calmer peu à peu, mais bien plus
lentement qu'autrefois, et chacune de ces crises laissait en lui comme un petit signe auquel il reconnaissait
ses inquiétudes de la veille.

Jamais non plus il ne s'était demandé avec autant de
persistance de quoi, exactement, il était capable dans la
vie, le genre d'occupation qu'il aurait préféré à tout autre,
s'il n'avait eu qu'à choisir, et quelles étaient les vraies
dispositions de son esprit. Jusqu'à présent, il avait laissé
au hasard le soin de résoudre ces questions et le hasard
s'était joué de lui comme le vent d'un fétu de paille, le
chassant de l'École de droit pour le jeter chez un banquier,
le mêlant à des individus louches, le bousculant et le
transportant çà et là, pour le déposer enfin lourdement
dans le coin d'un magasin de nouveautés, périssant d'ennui;
car, de toutes les professions qu'il avait aperçues, celle qu'il
exerçait aujourd'hui lui paraissait la plus monotone, la
plus inutile, la plus dénuée d'intérêt. Elle faisait en dix
ans des êtres comme Mignot, craintifs et soumis, tremblants devant un patron, affolés à l'idée de perdre leur
place. Et il dressait le bilan de ce qu'il savait, des longues
études qu'il avait suivies, de ce qui lui en demeurait dans
le cerveau. Il fouillait son imagination pour découvrir
quel parti il pouvait en tirer et quel genre de besogne,

plus noble et plus haute, il pouvait espérer plus tard accomplir. Il ne trouvait que des choses vagues et il songeait alors avec une sorte de colère qu'il était peut-être, entre ces coupons d'étoffes, comme un débris étiqueté dans une vitrine sans aucune raison pour en sortir jamais.

Il acheta même d'occasion à la fin du mois deux livres, un de chimie et l'autre d'agriculture, et se mit à les étudier le soir dans le but de se convaincre davantage encore qu'il ne resterait pas sa vie entière simple employé dans un magasin de nouveautés. Il récapitula aussi son histoire de France, et il tâchait à présent, en lisant les journaux, de se faire une opinion sur les événements, ce dont il ne s'était pas soucié jusqu'alors.

Cependant, le moment de déménager étant venu, la tante Borne vendit quelques-uns des meubles trop encombrants qui devenaient inutiles dans un appartement plus étroit; entre autres, un piano qui ne servait presque plus à Henriette et qui, d'ailleurs, était faux. Ils furent installés dans les premiers jours d'octobre.

C'est surtout en été, plus même que durant les hivers

rigoureux, que ces petits logements situés au-dessous des toits sont pénibles à habiter. Ils conservent et multiplient entre leurs murs la chaleur étouffante de Paris. Mais dans les saisons intermédiaires, au printemps et à l'automne, ils sont suffisants pour des gens simples et de bonne humeur. L'aspect de pauvreté qui ne pouvait se dissimuler dans le désordre de l'installation fut bientôt masqué par les dispositions ingénieuses des deux femmes. Des rideaux séparèrent l'alcôve et le berceau du reste de la pièce principale, laissant un espace propre et clair pour y dresser la table à manger. André n'y prenait d'ailleurs que son repas du soir. Le matin, de bonne heure, il partait et n'assistait pas ainsi à toutes les besognes du ménage, que la présence d'un homme vulgarise jusqu'à les rendre grossières, mais que les femmes bien douées savent accomplir avec une délicatesse naturelle et discrète, comme en jouant.

Le premier dimanche, en venant déjeuner, Mignot vanta la vue que l'on avait du haut des fenêtres et constata que le plafond était plus élevé qu'il ne l'aurait cru. La veille, il avait offert à André de lui prêter de l'argent, à cause des frais qu'entraîne toujours un emménagement, mais le jeune homme avait refusé. Alors, Mignot lui avait dit, en le regardant avec sympathie :

— Vous êtes dans une très bonne voie, monsieur André. Votre oncle sera content de vous, j'en suis sûr.

L'oncle Augustin, en effet, ne cachait pas à Mignot qu'il perdait peu à peu la mauvaise impression que lui avait causée la conduite de son neveu. André n'était pas aussi incapable de travail et d'application qu'il le supposait. Le fait seul d'avoir quitté un appartement trop grand pour ses ressources et de s'être décidé à aller vivre dans une maison de faubourg, au sixième étage, comme lui, Augustin Imbert, autrefois, après ses désastres de fortune, était un signe excellent. Il demanda même à Mignot des détails sur la dimension du logement et, apprenant que le plafond était légèrement incliné en tabatière, il ne put retenir une parole d'approbation énergique : « C'est parfait, c'est très bien », murmura-t-il. Jadis, il avait .occupé avec sa femme, du côté de Belleville, une simple chambre qui ne donnait que sur une cour, mais dont le plafond était en tabatière également. Ils avaient très froid en hiver et horriblement chaud en été. C'est de ce taudis qu'Augustin Imbert avait, par un travail sans relâche, reconquis sa situation dans le monde, à la suite de sa terrible catastrophe. Car c'était le terme qu'il employait habituellement pour désigner sa faillite, et il le disait d'un ton qui en augmentait encore la portée.

Mignot connaissait ces détails depuis longtemps, mais il les écoutait toujours avec une émotion nouvelle. Un jour, il dit :

— Est-ce demain, monsieur Imbert, que vous?...

Et il s'arrêta; l'oncle Augustin l'encouragea d'un geste bienveillant :

— Achevez, Mignot.

— ...Que vous venez nous attendre à la sortie du bureau?

M. Imbert réfléchit, puis reprit :

— Je ne dis pas non, Mignot. Peut-être me trouverez-vous demain, à six heures et demie.

Il est certain qu'il n'y avait plus aucune raison pour que l'oncle Augustin se refusât maintenant à voir André.

— Oui, oui... probablement... demain.

— Promettez-le-moi, monsieur Imbert, insista Mignot.

— Entendu alors. A demain... Vous reviendrez dîner avec moi, Mignot, et je ferai un bout de chemin avec André. Puis, nous verrons.

Le lendemain, André, sortant avec Mignot, aperçut à la
porte du magasin l'oncle Augustin, les mains derrière le
dos et la tête relevée, suivant sa coutume. Il souriait, et
alors, André, comprenant, s'avança rapidement vers lui.
M. Imbert tendit les deux mains sans prononcer un mot;
ensuite il tapa amicalement sur l'épaule de son neveu.

— Vous allez bien, mon oncle? demanda André douce
ment. Ma tante va bien aussi?

— Pas mal, mon garçon, pas mal... A propos, donne-
moi donc des nouvelles de ton père. Il ne m'écrit jamais

— J'ai reçu une lettre de lui il y a trois mois environ. Il
était content.

— Tant mieux, reprit M. Imbert, en avançant de quelques pas appuyé sur le bras de Mignot. Maintenant, allons
dîner, continua-t-il, en s'adressant à l'employé. Quant à
toi, André, j'irai voir ton installation un de ces jours et
nous causerons.

— Mais quand, mon oncle? Venez le plus tôt possible.
Dimanche, par exemple, avec M. Mignot.

— Oui, c'est cela, dimanche, après déjeuner. Fais toutes
nos amitiés à ta femme, ainsi qu'à cette excellente
Mme Borne; tu peux lui annoncer ma visite.

— Merci, mon oncle.

Et Augustin Imbert s'éloigna avec l'employé, faisant
encore de la main un signe gracieux à André. Cette réncon-
ciliation n'avait pas pour le jeune homme la même importance qu'y attachait la tante Borne. Son oncle ne lui
inspirait qu'une affection vague et instinctive de famille et
il ne l'aimait qu'indirectement, à travers les souvenirs des
années d'autrefois écoulées entre son père et sa mère,
quand il se rappelait les services réciproques que les deux
frères s'étaient rendus et l'amitié qu'ils se portaient malgré
tout. C'est aussi la scène du départ de M. Imbert pour la

campagne qui lui était restée dans la mémoire, et il associait les images de son oncle et de sa tante — celle-ci éternellement effacée et silencieuse — à l'émotion qu'il avait ressentie ce jour-là.

La tante Borne, au contraire, avait le culte des choses de la famille et considérait comme une impiété d'être brouillé avec les siens. Le dimanche matin, elle se para comme pour une fête et disposa l'appartement avec un soin particulier.

A deux heures précises, l'oncle Augustin sonna. La tante Borne alla ouvrir, toute rouge de joie et gardant la main de M. Imbert dans les siennes, le conduisit vers sa nièce qu'il embrassa sur les deux joues.

— Mme Imbert, dit-il, était un peu souffrante et n'a pu venir.

— C'est nous qui irons la voir, fit la tante Borne.

— Ah! ah! s'écria-t-il tout à coup avec bonhomie, en apercevant les bras de l'enfant qui s'agitaient dans son berceau, voici ma petite-nièce.

— Je vais vous la chercher, mon oncle, dit Henriette.

Et elle présenta le bébé à l'oncle Augustin, qui le saisit délicatement, l'embrassa au front et le rendit à sa mère, parce qu'il se mettait à pleurer.

— Elle vous ressemble, cette petite, dit Mme Borne avec conviction.

— Peut-être, répliqua Augustin Imbert.

Alors, il accepta une tasse de thé, puis regarda dans la rue par la fenêtre de la chambre.

— C'est assez haut, fit-il... Eh! eh! Mignot, nous connaissons cela, continua-t-il, en lui lançant un regard d'intelligence.

— Ils ne sont pas trop mal ici, ces enfants, n'est-ce pas, monsieur Imbert? dit la tante Borne.

L'oncle Augustin reprit :

— A leur âge, madame Borne, rien n'est grave. On est bien partout. Ce qui est terrible, ce sont les malheurs qui vous arrivent lorsqu'on n'est déjà plus jeune et qu'il faut recommencer toute sa vie. Enfin, il vaut mieux ne pas parler de ces choses-là.

Il fut dès lors convenu que l'on reprendrait les habitudes d'autrefois et que tous les dimanches, à débuter par celui-ci, la famille dînerait chez l'oncle Augustin. Il sembla à la tante Borne qu'une ère de prospérité s'annonçait pour eux et qu'après tant de périls les choses revenaient à leur état naturel. Le retour de l'oncle Augustin donnait à la conduite d'André une sorte de consécration. Depuis longtemps, la vieille dame n'avait connu des moments si heureux et si calmes, ne s'était vue, elle et les siens, si à l'abri de toutes les catastrophes de la vie.

L'exactitude d'André à son travail la pénétrait de joie. Chaque matin, vers sept heures, il se levait sans défaillance, mangeait un morceau, puis se rendait à ses occupations. C'était l'heure où, par ses dix escaliers, l'immense immeuble de faubourg se dégonflait : la foule des locataires se répandait dans Paris, allant à la besogne quotidienne; les portes grinçaient, les enfants commençaient à crier, de la poussière tombait par les fenêtres dans les cours que la concierge balayait avec mollesse.

Depuis plusieurs semaines qu'il habitait là, André avait à peine aperçu ses voisins de palier. Il avait seulement croisé à deux ou trois reprises le monsieur qui avait la chambre mitoyenne avec la sienne, un homme qui paraissait avoir cinquante-cinq à soixante ans, vêtu négligemment et la figure à moitié couverte d'une longue barbe grisonnante.

Ils s'étaient salués, mais n'avaient jamais échangé un

mot. André savait qu'il s'appelait **M. Léo** et qu'il exerçait dans la journée, chez lui, un métier manuel, la menuiserie, lui avait-on dit. La tante Borne et Henriette l'entendaient, de l'autre côté du mur, qui sciait des morceaux de bois et

plantait des clous. Il faisait son ménage lui-même et ne recevait que peu de gens. Dès qu'arrivait le soir, il se tenait tranquille et la concierge avait raconté à la tante Borne qu'il était un excellent locataire, quoiqu'il eût la tête un peu à l'envers.

Une nuit, André et Henriette furent réveillés par de violents coups de marteau qu'on aurait cru frappés sur la cloison. André attendit un instant et, comme les coups ne s'arrêtaient pas, alluma une bougie et regarda sa montre qui marquait une heure après minuit.

— Ça vient de chez M. Léo, murmura Henriette.

— Il est donc fou de travailler à cette heure-ci ? reprit André.

Le tapage redoublait et on percevait aussi des bruits de paroles.

— Je vais voir ce que c'est.

Et s'étant à peu près habillé, il s'avança sur le palier, une bougie à la main, tandis qu'Henriette couchait dans son lit la petite Louise qui, troublée dans son sommeil, s'était mise à pleurer. André écouta encore : le voisin tapait maintenant deux morceaux de bois l'un contre l'autre, avec autant d'entrain que s'il se fût trouvé dans un atelier en plein jour. Alors, un second locataire sortit, la figure furieuse, et se joignit à André.

— Cognons à la porte, dit-il. Il est fou, ce n'est pas possible !

M. Léo vint leur ouvrir. Il était en chemise et tenait de la main droite un instrument de menuiserie. Il ne parut pas surpris le moins du monde de cette visite inaccoutumée et, saisissant une mince baguette de bois, il se disposait à la scier en deux, lorsque le voisin s'écria :

— Ah çà, monsieur Léo, vous n'avez pas fini de réveiller toute la maison ?

Mais l'homme se tourna vers André qui n'avait rien dit, et, le regardant en face, prononça d'une voix énergique :

— C'est un singe qu'on doit mettre... ce n'est pas un écureuil... Ce sera bien plus gentil.

André, abasourdi, fit un signe de la tête, pendant que l'autre visiteur murmurait :

— C'est malheureux d'en être réduit là.

Et, touchant l'épaule du bonhomme, il ajouta, doucement :

— Couchez-vous donc, papa Léo, ça vaudra mieux.

Celui-ci se contenta de répéter :

— C'est un singe, je vous dis, ce n'est pas un écureuil.

— Un singe, où cela, père Léo ?

— Tenez, là, voyez.

Et M. Léo saisit un objet de quelques centimètres de longueur, peint en vert.

— Qu'est-ce que c'est ?

— C'est un nouveau joujou pour le Jour de l'An.

Le joujou représentait un arbre dans les branches duquel, en tirant une ficelle, un écureuil de bois bondissait avec une vitesse extraordinaire, puis redescendait le long du tronc, puis d'un élan remontait au sommet.

— Faites-le aller vous-mêmes, messieurs.

André tira la ficelle, émerveillé, ainsi que l'autre voisin.

— Est-ce joli? continua le père Léo. Eh bien, quand il y aura un singe à la place d'un écureuil, ce sera cent fois plus joli encore.

— Heu! je ne sais pas, murmura le voisin, qui, étant ouvrier, s'intéressait malgré lui à la scène.

— Cent fois plus joli, vous dis-je! articula le père Léo avec un ton sans réplique.

— N'empêche, monsieur Léo, poursuivit l'ouvrier, pris soudain d'un certain respect pour l'adresse du bonhomme, que ce n'est pas une heure pour fabriquer des jouets du Jour de l'An.

Ces mots semblèrent rappeler M. Léo à la situation. Il passa sa main sur son front et se mit à sourire.

— C'est vrai, monsieur, fit-il poliment, et je vous demande pardon. J'ai été réveillé en sursaut par cette idée du singe et j'ai voulu me rendre compte tout de suite. Excusez-moi, excusez-moi.

— Au revoir, monsieur Léo, dit André.

L'autre ajouta :

— Et couchez-vous, vous travaillerez demain.

Ils conduisirent le bonhomme jusqu'à son lit, puis se retirèrent, et l'ouvrier dit à André en désignant son crâne du doigt :

— Il en tient tout de même.

André, le lendemain, se leva quelques minutes plus tôt et alla frapper à la chambre de son voisin. Le père Léo était déjà à son ouvrage, et rabotait une planchette, tout en mangeant un morceau de pain. Il renouvela ses excuses. André put examiner la pièce où il se tenait. Elle était étroite, sans papier, blanchi simplement à la chaux, encombrée d'appareils de menuiserie, un établi, des scies, des rabots, une multitude de pièces de bois. Quant au père Léo, il n'avait visiblement pas, malgré sa barbe et ses cheveux grisonnants, l'âge que lui avait d'abord assigné André. Ses yeux noirs et larges luisaient d'un éclat bizarre et sympathique, et il avait les traits d'une finesse extrême, le nez mince et droit, des dents très blanches. La distinction de ses mains surtout attirait le regard : elles étaient nerveuses, aux doigts effilés, maigres et longs. Elles se crispaient et frémissaient sans cesse.

Il était vêtu d'un vieux pantalon de velours et d'un gilet à manches, couverts de sciure de bois.

— C'est décidément très gentil, dit André en maniant avec précaution le jouet de la veille.

— Vous verrez ce soir, quand j'aurai mis un singe à la place. Vous repasserez par ici?

— Oui, je vous le promets.

— C'est que le Jour de l'An approche, deux mois à peine. Je crois que ce jouet-là aura du succès.

— Beaucoup.

— C'est moi qui avais inventé, l'année dernière, le meunier... Vous savez, ce meunier qui montait un sac de farine sur ses épaules, par une échelle, puis redescendait et reprenait un autre sac? Vous l'avez vu, j'espère?

André fit un signe affirmatif.

— Mais voilà, continua M. Léo, en baissant la tête avec découragement, il y a un obstacle... Les marchands ne comprennent pas le jouet véritablement ingénieux, original, avec de la fantaisie, de l'art même. Ils sont pour les vieux modèles toujours les mêmes, bêtes quelconques, sur lesquels ils ont plus de bénéfices. Au Jour de l'An encore, ils sont assez raisonnables et on peut gagner sa vie. Savez-vous qu'en faisant fabriquer les pièces ailleurs, je peux monter quarante ou cinquante de ces machines-là par jour ? C'est un bon gain, évidemment, mais ça n'a qu'un moment. Le reste de l'année, les marchands font la sourde oreille. L'art du jouet, monsieur, est à renouveler de fond en comble. Mais, pardon, je vous retiens et vous devez avoir vos affaires...

— En effet, dit André, il faut que je me rende à mon travail.

— Et qu'est-ce que vous faites, sans indiscrétion ? demanda M. Léo.

— Je suis employé.

Le père Léo eut une légère moue.

— Où ça ?

— Dans un magasin de nouveautés, à la *Corbeille.*

— J'ai été employé aussi, moi, autrefois, murmura le père Léo.

André fit discrètement : « Ah ! »

— Dans un ministère... Eh ! eh ! ça vous étonne ?... Une sottise de famille... J'étais tout jeune... Depuis... Au revoir, monsieur... Monsieur... ?

— Imbert, André Imbert.

— A ce soir, alors. Je vous montrerai le singe.

André revint à la sortie du bureau et, pendant que la tante Borne préparait le dîner, alla serrer la main de son

voisin, dont l'ouvrage était terminé. Il dut reconnaître que
le singe « faisait » beaucoup mieux dans l'arbre que l'écureuil. D'ailleurs, il y avait dans tout le petit travail une
adresse, une fantaisie, une perfection de détails surpre-
nantes. André le maniait comme s'il se fût agi d'une
découverte précieuse, d'un objet d'une valeur unique.

— Mais, au fait, monsieur Imbert, vous avez un bébé,
n'est-ce pas? Je l'entends quelquefois...

— Oui.

— Vous allez me permettre de lui faire ce cadeau.

André sourit :

— Elle n'a pas cinq mois...

— Ah! monsieur, s'écria le père Léo, en levant les
bras, cinq mois, c'est bien suffisant. Les enfants, monsieur, ont un instinct merveilleux pour les jouets, une
divination. Ils sentent ce qui est joli et ce qui ne l'est pas,
ce qui est gracieux et ce qui est lourd, et ils choisissent
tout de suite. Les enfants comprennent les choses ingénieuses, oui, monsieur !

— Eh bien! allons, dit André, je vais vous présenter à
ma femme.

Le père Léo, avec des manières très polies, s'inclina
devant Henriette et devant la tante Borne. Puis, il
demanda qu'on tînt le bébé et il se mit à agiter la petite
machine sous ses yeux. L'enfant avança la main, cria et fit
des grimaces.

— Il rit ! s'écria joyeusement le père Léo. Il rit... ça
l'amuse, j'en étais sûr. Je te le donne, mon chéri ; garde-le.

Il poursuivit, se tournant vers les femmes et l'œil lui-
sant d'une espèce de fièvre :

— Ah! les enfants, je voudrais combiner pour eux des
jouets... extraordinaires... oui... fantastiques... qui les
remueraient, qui les passionneraient... qui leur forme-

raient une imagination délicate et vibrante et qui leur donneraient plus tard dans la vie le goût des belles choses... oui, je voudrais faire des joujoux qui auraient un sens, au lieu des morceaux de matière grossière qu'on leur met entre les mains.

Et il traçait dans l'air, du bout de son doigt, des formes vagues et rapides.

— Il faut changer tout, il faut changer tout, balbutia-t-il, se parlant maintenant à lui-même.

La tante Borne lui demanda :

— Hé ! vous les aimez, les enfants, monsieur Léo ?

— Oh ! oui... je les aime et ils aiment les joujoux.

— Et, continua-t-elle machinalement, vous n'en avez pas ?

Le bonhomme fronça les sourcils et murmura :

— Non, je n'ai pas d'enfants. Pourquoi n'ai-je pas eu d'enfants ?... Est-ce bête !

Et il rentra dans sa chambre, sans vouloir accepter l'offre de dîner avec eux que lui fit André.

André ne pouvait s'empêcher d'aller chaque jour maintenant lui serrer la main. Outre des jouets pour le Jour de l'An, le père Léo confectionnait aussi de petits meubles, des étagères, des coffres, des boîtes, toutes sortes de bibelots aux formes imprévues et fines. Il avait la passion du bois. Il s'animait en en parlant.

— Le bois, disait-il à André, le bois vit. Il grouille, il craque. Il craque la nuit surtout. Il y a même des gens à qui ça fait peur. Moi, au contraire, quand je suis dans mon lit et que j'entends craquer toutes ces planches que vous voyez là, je suis heureux. Il me semble que je ne suis plus seul et je ne m'ennuie jamais ici, à cause de tous ces bruits.

André le questionnait sur son métier, parfois même, avec ses conseils, sciait un morceau, l'adaptait à un autre, cherchant des combinaisons.

— Eh ! eh ! s'écriait le père Léo avec satisfaction, vous n'êtes pas maladroit !... Vous apprendriez si vous vouliez.

Il reprenait :

— C'est dur, pourtant, ce métier-là.... Ah! il m'en a fallu du temps !

— Vous n'avez pas toujours fait ça? interrogea André?

Après avoir hésité :

— Non. C'est à la suite de... d'ennuis que je m'y suis décidé. Ah! si on savait...

Mais André ne parvint jamais à lui faire dire rien de précis sur son compte, ni comment il en était arrivé là. Évidemment il avait reçu de l'instruction et n'appartenait pas à une famille d'artisans.

Il ne cachait pas qu'il avait été dans sa jeunesse employé au ministère de la Marine et il se taisait sur ce qu'il avait fait depuis.

Cependant, il était facile de deviner que sa vie avait dû être tourmentée et mauvaise. Les drames de nos existences, les drames que nous gardons dans un secret inviolable et superstitieux, que nous parvenons même parfois à oublier, laissent sur nous, dans nos yeux, dans nos gestes, sur nos lèvres, des marques bizarres, comme de mystérieux coups de griffes qui les trahissent. Ce sont des tics, des étrangetés de regard et d'allure, un air de fièvre qu'on ne trouve pas chez les gens dont la vie a été simple et heureuse. Ainsi ces bulles d'air qui remontent parfois brusquement à la surface des eaux endormies et qui indiquent que quelque chose, végétal ou bête, pourrit là.

Et André s'attacha bientôt au vieux bonhomme, d'une affection curieuse et douce. Il aurait voulu le servir et l'aider. Il lui demanda en quoi il pouvait lui être utile.

— Euh! répondit le père Léo, si vous aviez des relations dans les gens riches, je vous dirais bien de leur parler pour

moi... Je leur ferais de jolis bibelots, de petits meubles...
Mais voilà, c'est la première mise de fonds qui m'a toujours
manqué. Autrement, voyez-vous, je sens que j'aurais
fabriqué des machines exquises, élégantes, toutes mignonnes, toutes petites, avec du bois.

Et il tremblait presque d'émotion en répétant : « Toutes
petites, toutes mignonnes. »

— Je pourrais essayer tout de même d'aller voir des gens,
dit André.

— C'est comme pour mes jouets du Jour de l'An. Les
marchands sont méfiants, très âpres sur les bénéfices. Ah!
je ne les place pas facilement. Il y a pourtant de l'argent à
gagner, allez, avec ça. Vous n'en connaîtriez pas, des marchands, vous, par hasard?

— Je connais mon patron, M. Libérat, de la « Corbeille »..,
Peut-être qu'il consentirait... Il vend des bibelots pour le
Jour de l'An et même des meubles... Je vais m'en occuper,
père Léo.

André n'allait pas jusqu'à croire que le père Léo était un
de ces grands artistes méconnus attendant la gloire en
mangeant du pain sec, comme notre imagination se plaît à
en supposer dans les mansardes de Paris. Mais il se disait
que c'était à coup sûr un bonhomme ingénieux, très bien
doué pour son métier, malchanceux, et cela l'intéressait de
songer à lui. La lourde monotonie de ses occupations habituelles en était éclairée d'un peu de fantaisie. Il s'amusait
à ses moments de loisir à travailler lui-même et il engageait avec Léo de longues conversations. Puis il tint la
promesse qu'il lui avait faite de parler à M. Libérat et demanda un jour quelques minutes d'entretien au patron de
la « Corbeille » pour une communication.

M. Libérat le reçut aussitôt, mais aux premiers mots prit
l'attitude la plus sévère.

— Où avez-vous connu ce monsieur?

— Il demeure à côté de moi.

— Et vous supposez, monsieur Imbert, que je vais changer quoi que ce soit aux habitudes de ma maison pour

un de ces orgueilleux qui n'ont pas le courage de se plier au travail de l'atelier et qui cherchent à faire concurrence aux entreprises régulières? que je vais introduire dans mes rayons des articles nouveaux et probablement ridicules?

Interloqué, André balbutia :

— Je suis sûr que si vous les voyiez... si vous me permettiez de vous en apporter un...

— Inutile, inutile, reprit sèchement M. Libérat. Vous

pensez bien que ce n'est pas la première fois qu'on me fait ce genre de propositions. Je les ai toujours repoussées systématiquement. J'ai mes fournisseurs ordinaires, et vous trouverez bon que je m'y tienne.

André, qui avait préparé des phrases pour venter l'adresse de son ami, n'insista pas devant cet accueil et, choqué des manières tranchantes du patron, se disposait à se retirer, quand celui-ci d'un signe le rappela :

— J'ai encore un conseil à vous donner, monsieur Imbert. Ne vous occupez donc plus des inventions plus ou moins originales de ce monsieur et bornez-vous à faire votre travail ici. Ce sera préférable à tous les égards.

André sentit la rougeur lui brûler la figure. Il salua M. Libérat qui lui répondit à peine, et, pour regagner son bureau il passa au milieu des autres employés qui, le voyant sortir du cabinet du patron, lui jetaient des regards inquiets et méfiants. Il s'assit à sa table, pris d'une colère subite contre tous ces gens inclinés, tremblants et soupçonneux, cramponnés à leur place comme des naufragés à une planche.

Quelques instants après, Mignot, qui avait été mandé par M. Libérat, vint s'asseoir à côté de lui, l'air navré, et tout bas il lui dit :

— Vous avez fait une faute, mon cher ami. Le patron n'est pas content, oh! mais, pas du tout. Vous auriez dû me prévenir que vous aviez l'intention de lui parler de ça, je vous en aurais empêché.

Il répéta d'un ton pénétré :

— C'est une grave faute.

— Bah! fit André.

— Vous ne pouviez pas lui dire quelque chose de plus contraire à ses idées. Et moi qui vous avais pour-

tant bien expliqué son caractère. Mon Dieu! que c'est
ennuyeux.

— Il est joli, son caractère, murmura le jeune homme.

— Ne vous obstinez pas, mon cher. Au nom du ciel, je
vous en supplie. Il finira pas oublier ça.

— Qu'il l'oublie ou non, que voulez-vous que j'y fasse?
Je n'ai pas commis un crime, n'est-ce pas? C'est une démarche bien naturelle.

— Je vous avais si bien expliqué son caractère! reprit
Mignot avec dépit.

M. Libérat, le lendemain, au cours de sa tournée habituelle parmi ses employés, regarda André en face, comptant
trouver sur son visage les marques d'un vif repentir, puis,
peu satisfait de l'examen, il s'éloigna en se raidis-
sant.

André, alors poussé par une sorte de gageure, se mit à
s'occuper des produits de Léo avec une activité extraordinaire, mangeant en quelques moments, courant chez
toutes ses connaissances pour les « placer », comme un
courtier sa marchandise.

Il alla trouver le boursier, l'ami de Linières à qui il avait
vendu autrefois une pièce de vin, et lui prôna le bonhomme avec tant d'ardeur qu'il le décida à venir le voir.
C'était un Parisien élégant, à l'affût des modes nouvelles,
préoccupé de se distinguer toujours par la coupe de ses
habits, l'originalité de ses bibelots et de ses bijoux. Il fit
à Léo la commande d'une table et d'un petit meuble de
bureau, lui promettant de le recommander chaudement à
ses amis. Et il le quitta, lui laissant une provision d'argent
pour les premiers débours, fier d'avoir découvert quelque
chose.

André vendit encore, dans les mêmes conditions, une
bibliothèque à un interne de l'hôpital d'Émile Lebeau et

cent « singes » à un grand marchand de jouets du Jour de l'An.

Ému de cette bonne fortune, le père Léo voulut absolument qu'il acceptât une commission, ainsi que cela se pratique en pareil cas. André dut s'y résoudre pour ne pas le froisser, mais non sans contentement de ce gain inattendu.

Mais il lui arrivait parfois à présent, à cause des démarches qu'il faisait, d'être en retard, le matin, à la « Corbeille » ou d'en partir avant l'heure.

Mignot ne lui cachait pas que le patron était de plus en plus mal disposé à son égard, car M. Libérat tenait à l'assiduité par-dessus tout, étant lui-même d'une exactitude ponctuelle dans tous ses actes.

Le patron croyait, en outre, avoir remarqué chez son employé une certaine tendance à la liberté du langage et il en avait encore horreur. Mignot conclut que dans toute autre maison, André n'aurait pas été ménagé si longtemps. Une soumission complète et immédiate, la promesse formelle d'une meilleure conduite à l'avenir et, alors, l'intervention de lui, Mignot, pouvaient encore sauver la situation.

M. Libérat n'adressait plus jamais la parole à André et de mauvais bruits commençaient à circuler dans les bureaux.

Et André, soudain, hésita. Son ennui, le dégoût de sa profession avaient atteint en lui le point douloureux, cet endroit intime et profond d'où il semble que rien ne peut plus les chasser : ni la bonne humeur, ni l'insouciance, ni l'espoir; d'où ils nous dominent et se glissent dans toutes nos pensées, dans toutes nos actions. L'idée de demeurer la vie entière ou au moins un temps très long au milieu de ces gens lourds et soumis à faire une fastidieuse besogne lui était devenue intolérable.

Il n'avait plus dans cette place morne d'employé, sous le plafond de ce bureau où nul n'osait parler, le sentiment qui jusqu'alors l'avait soutenu dans ses vulgaires travaux, le sentiment du provisoire, de la corvée passagère à accomplir, après laquelle il serait nécessairement délivré.

Ici, c'est une carrière véritable qu'il lui fallait suivre, avec sa hiérarchie, ses grades, la lenteur de l'avancement, et son avenir borné à la possibilité d'être un jour Mignot, s'il était sage et régulier. Rien de ce qu'il avait appris ne pouvait lui servir, rien de ce qu'il apprendrait ne le ferait monter d'un degré. L'ardeur au travail, le courage étaient vains dans cette machine réglée et pesante. Aucun événement imprévu ne pouvait s'y produire ni déranger sa marche.

Mais en se dérobant, il risquait le pain assuré maintenant, la tranquillité des siens. Et son esprit était tourmenté par ces contradictions. Tantôt, en voyant les erreurs qu'il avait commises, sa naïveté dans certaines circonstances, en se rappelant ses heures de nonchalance et d'inertie et en se jugeant avec une espèce d'intelligence rétrospective très nette et très sûre, il se demandait s'il était bon à autre chose qu'à un travail facile et modeste.

Tantôt, au contraire, il lui semblait que son intelligence se dégageait comme d'un brouillard de jeunesse et d'inexpérience, que maintenant il connaissait mieux les hommes, les détours et les surprises de la vie.

Et il se disait alors qu'un être plein de force, animé d'un grand amour, capable d'un dévouement sans bornes pour ceux qu'il chérissait, responsable d'un enfant créé par lui, n'avait pas le droit de se résigner à un sort paisible, facile et médiocre.

Et toutes ces réflexions, après s'être heurtées dans son esprit, le laissaient en un état d'abattement fiévreux.

Mignot lui dit :

— Mon cher ami, cela devient très grave. M. Libérat a su que vous aviez placé des jouets du Jour de l'An au *Berceau*, dont le propriétaire est son cousin. Si vous ne voulez pas faire une démarche personnelle et prendre vis-à-vis de lui les engagements les plus formels, attendez-vous à tout.

— Je verrai, répondit André.

Le soir même, quand la tante Borne se fut retirée dans sa chambre, il prévint sa femme de ce qui se passait. Henriette était loin de s'attendre à cet accident et se montra d'abord déconcertée. Elle ne put se retenir de dire :

— Oh! ce ne serait pas de chance!

— Mais, reprit André en haussant la voix malgré lui sous le petit coup de fouet de ce reproche, il n'y a pas là dedans de chance ou de malchance. C'est...

— Chut! mon ami, fit Henriette en touchant son bras, ne parle pas si fort. Elle va nous entendre...

— Je disais, continua André en s'apaisant, que la question n'est pas là. Tu comprends bien, ma chérie, que ce n'est pas devant l'humiliation d'aller supplier M. Libérat que je recule. Ce Libérat est un imbécile solennel et âpre au gain, et je ne me sentirais pas plus humilié de me jeter à ses pieds que de me baisser pour ramasser mon porte-monnaie dans un ruisseau. Je me moque parfaitement de ce monsieur. La question n'est donc pas là, elle est de savoir si je vais toute ma vie moisir dans un magasin...

— Plus bas, André, plus bas!

— Oui... oui... Si gagnant cent soixante francs maintenant, j'en gagnerai cent quatre-vingts dans deux ans et deux cent cinquante dans dix, et si, ajouta-t-il en étendant la main vers la fenêtre, nous resterons jusqu'à la fin de nos jours dans des taudis pareils!

Henriette se mit à rire doucement :

— N'en dis pas de mal, je t'en prie, c'est moi qui ai arrangé notre chambre. Ah! la petite se réveille, je vais la bercer une minute.

André, ayant mis des pantoufles, marchait de long en large, sans bruit.

— Eh bien? dit Henriette en revenant.

Et ils allèrent causer à l'autre coin de la pièce, afin de ne plus troubler le bébé par le bruit de leur conversation.

— Eh bien! ce que je veux, c'est une profession qui soit une profession, où l'intelligence, l'énergie servent à quelque chose, une profession enfin qui m'intéresse au lieu de me décourager et de m'amoindrir un peu plus tous les jours.

— Crois-tu, murmura Henriette, qu'en restant à la *Corbeille* et en cherchant?...

— Non. Si je reste à la *Corbeille*, je ne chercherai pas et qui sait si je ne m'habituerai pas peu à peu à cette existence idiote? Pour gagner notre vie, en attendant, tu veux dire? Hé! il y a mille moyens. Je ferai n'importe quoi... Il est matériellement impossible qu'un homme actif et bien portant meure de faim à Paris... Je placerai la menuiserie du père Léo. Quand je ne pourrai plus, je

placerai du vin ou d'autres choses... ou j'irai demander un
travail quelconque à M. Tanin... le boursier... celui que
j'ai amené l'autre jour chez Léo. Mais, au moins, je
remuerai, je circulerai. Je ne demeurerai pas courbé toute
la journée sur un travail insipide et je finirai nécessairement par trouver une idée.

Henriette reprit :

— Je ne suis pas assez égoïste, mon chéri, pour te
condamner à un travail qui t'est désagréable, par unique
amour de la tranquillité. Je crois, en effet, bien fermement
que nous ne mourrons pas de faim et la pensée de vieillir
entre quatre murs dans ce genre-ci ne me sourit pas plus
qu'à toi. Je me demande seulement s'il ne vaudrait pas
mieux attendre une nouvelle occasion...

— Remarque que je te dis tout cela parce que je sens
que là-bas, à la *Corbeille*, ça ne va plus du tout. Pour une
raison ou pour une autre, M. Libérat m'a pris en horreur.
C'est facile à voir, je lui déplais affreusement. Même si je
reste maintenant, je serai moins bien traité que les autres;
mais d'après ce que m'a dit Mignot, hum! ça se gâte...

— Il pourrait te... congédier... tu crois, alors? murmura
Henriette avec un accent de tristesse.

— Je m'y attends.

Il y eut un silence, puis il demanda :

— Est-ce que ça te fera beaucoup... beaucoup de peine?

— Bah! reprit-elle, ce n'est qu'une impression passagère... Tant pis! S'il ne nous arrive jamais de plus graves
ennuis que celui-là!...

— Écoute. Moi, il y a une chose qui me soutient toujours dans ces moments de crise : c'est que je suis sûr de
ne pas être paresseux, dit-il en souriant. Ainsi, pour gagner
notre déjeuner de demain, il me faudrait sortir, marcher
toute la nuit, porter des fardeaux sur la grande route, je

Il passa son bras autour de la taille d'Henriette.

le ferais sans l'ombre d'un regret ou d'un dégoût. Si nous nous couchions, maintenant?

Il passa son bras autour de la taille d'Henriette et l'embrassa au front.

— Pas un mot à la tante. Il sera toujours assez tôt.

— Pauvre tante! dit doucement Henriette. Enfin...

La situation d'André à la *Corbeille* ne subit aucune modification jusqu'à la fin du mois. Il n'avait pas fait la démarche conseillée par Mignot, se disant : « Je risque ça. Je me figure que je joue et que j'attends le coup de mon adversaire. » Mignot, malgré l'amitié qu'il ressentait au fond pour André, lui montrait machinalement dans les bureaux une certaine froideur d'employé pour un collègue tombé en disgrâce. Ce n'est qu'à la sortie qu'il commençait à le regarder d'un œil bienveillant et pitoyable. Mais, voyant l'indifférence du jeune homme, il ne lui parlait plus des événements menaçants qui se préparaient.

Ils éclatèrent à la fin du mois. Le matin, lorsqu'on eut réglé le compte de chaque commis, un garçon de magasin vint dire à André que M. Libérat le priait de passer dans son cabinet.

Il pensa : « Allons! ça y est! ».

Le patron le fit poliment asseoir et d'une voix calme lui dit :

— Monsieur Imbert, si vous étiez depuis longtemps à la maison, je n'aurais pas pris à votre égard la détermination que je suis obligé de vous soumettre. J'aurais tenu vos services en considération, car nul n'est jamais sorti d'ici sans des motifs très graves. C'est avec ce système-là qu'on fait les maisons solides, où tout le monde est dévoué à l'intérêt commun. Or, ce que j'ai à vous reprocher n'est pas grave, je le reconnais moi-même. C'est votre attitude générale, c'est l'insistance avec laquelle vous avez continué à faire une chose que vous saviez m'être désagréaole. Mes employés gagnent assez chez moi et il m'est tout à fait impossible de leur permettre de traiter des affaires avec d'autres maisons. En outre...

Et il s'adoucit encore, s'exprimant avec une extrême courtoisie.

— En outre, monsieur Imbert, je vois bien que le métier que vous faites vous est désagréable. Vous le faites sans entrain, sans les apparences même du dévouement. Vous n'êtes à la *Corbeille* que depuis deux mois, et déjà vous avez des retards fréquents, une négligence que je supporterais à peine de très anciens employés. Il vaut mieux nous séparer pendant que vous êtes encore à vos débuts et que vous n'avez pas eu le temps de régler votre vie sur des appointements que vous ne touchez que pour la seconde fois.

André s'inclina.

— C'est comme il vous plaira, monsieur, dit-il simplement.

— Voici, continua M. Libérat en lui tendant une enveloppe, une quinzaine de vos appointements. C'est un peu plus que ce je vous devrais, d'après nos habitudes. Vous me ferez, cependant, plaisir de l'accepter.

André songea : « Allons! il est très gentil; j'aime mieux cela que d'être porté à lui garder rancune. »

Il se leva et remercia M. Libérat qui, alors, lui serra la main :

— Je sais, monsieur Imbert, que vous êtes un garçon distingué, et vous ferez certainement votre chemin dans une carrière qui conviendra mieux à vos goûts.

Et il le conduisit jusqu'à la porte de son cabinet avec un sourire d'homme du monde.

— Je resterai jusqu'à ce soir, monsieur, dit André, si vous n'y voyez pas d'inconvénient?

— Au [contraire. D'ailleurs, cela sera préférable pour vos collègues.

André, d'un signe de tête, [indiqua à Mignot que tout était terminé et travailla jusqu'à l'heure ordinaire de la sortie avec une grande application.

A six heures et demie, Mignot le rejoignit.

— Que dois-je dire à votre oncle?

— Mais la vérité, mon cher Mignot.

— Heu! fit l'employé en baissant la tête.

— Il le faut bien, d'ailleurs.

— Je regrette, allez, ce qui vient d'arriver. S'il n'avait dépendu que de moi!...

— Je vous en suis très reconnaissant, Mignot. Tout cela s'arrangera.

En rentrant, André murmura à l'oreille de sa femme : « Préviens la tante, doucement, c'est fini. »

— Renvoyé, mon pauvre André? demanda Henriette.

— Oui. Je vais faire un tour chez Léo pendant que tu la mettras au courant.

Ce fut une grande douleur pour la vieille dame. Elle tomba sur une chaise, la tête entre les mains, et ne trouva pas un reproche à faire à André quand elle le vit devant elle souriant et penaud. Alors elle regarda Henriette, mais celle-ci avait repris l'air de vaillance et le sang-froid des femmes dans les complications quotidiennes.

Il fallut toute la soirée pour tirer la tante Borne de son état de prostration et l'on eut de la peine à lui persuader que c'était là un malheur sans importance, comme André serait obligé vraisemblablement d'en subir d'autres encore avant de conquérir une position stable. Il lui cita de nombreux exemples de gens demeurés des années entières à exercer des métiers inférieurs jusqu'au moment où un hasard heureux, une circonstance fortuite étaient venus leur indiquer leur véritable voie. Ces hasards se produisaient fatalement pour tous les hommes instruits et courageux. Il ne s'agissait que d'attendre, de chercher et d'étudier.

Elle répliqua par l'exemple de Mignot, qui avait commencé par gagner quarante francs par mois et qui, aujourd'hui, occupait une place importante dans une des premières maisons de commerce de Paris.

André s'écria, en frappant du pied sur le plancher :

— Mais Mignot est une brute!

Henriette sourit; la tante Borne fit : « Oh! »

— Je veux dire, continua-t-il, que Mignot est entré dans le commerce très jeune, à quatorze ans, d'après ce qu'il raconte, et qu'il n'en est jamais sorti. Moi, ce n'est pas la même chose. J'ai étudié jusqu'à vingt-trois ans pour être avocat. Ce n'est pas de ma faute si je n'ai pas eu assez d'argent pour achever mes examens, pourtant!

La tante Borne s'attendrit subitement et alla l'embrasser :

— Pauvre petit! Ça, c'est vrai, murmura-t-elle. Eh! je sais bien que tu as plus d'instruction que Mignot, pardi!

— Ce n'est pas, reprit André, que je regrette de ne pas

être avocat. Rien ne prouve, d'ailleurs, que j'aurais réussi. Mais ce que je voudrais, ce que je parviendrai nécessairement à dénicher, c'est une profession où le peu que j'ai appris ne me sera pas absolument inutile, où j'aurai devant moi un certain avenir.

Il parla alors de l'oncle Augustin lui-même et des terribles difficultés qu'il avait rencontrées dans l'existence.

Il en avait triomphé à la longue.

Puis ce fut le tour de la tante Borne de rappeler les malheurs qu'avaient subis les membres de sa propre famille. Son frère, le père d'Henriette, après avoir acquis une petite fortune, s'était ruiné par des inventions industrielles; son père à lui n'avait rien laissé, s'étant ruiné également dans des expériences d'agriculture.

C'était le sort commun de presque tout le monde maintenant de vivre parmi des soucis continuels, de perdre son argent ou d'en gagner avec les plus grandes difficultés quand on n'en a pas. Il n'y a pas dans la rue un passant sur mille dont la vie soit assurée.

Ils ne se couchèrent ce soir-là qu'à minuit. La tante Borne se laissa convaincre peu à peu que la situation n'était guère plus grave aujourd'hui qu'hier.

Le point qui la préoccupait maintenant par-dessus tout était le sentiment de l'oncle Augustin lorsqu'il saurait les choses. Elle redoutait une nouvelle brouille qui l'eût navrée.

Celui-ci la rassura par une visite qu'il lui fit le lendemain à l'heure du déjeuner. Il semblait très calme, comme si rien d'anormal ne se fût produit. Il s'adressa d'abord à son neveu :

— Mignot m'a appris les faits, dit-il d'une voix empreinte d'ironie paisible; c'est bien curieux. Je ne comprends pas et j'ajoute même que je renonce à comprendre. Qu'est-ce qu'il te faut? Qu'est-ce que tu cherches? Quel est ton but? Tu dois avoir sur la vie des idées tout à fait particulières et qui m'échappent. D'ailleurs, tu appartiens à une génération étonnante, qui est visiblement destinée à accomplir des actions extraordinaires. C'est infiniment curieux, je le répète.

— Puisque vous avez vu Mignot, mon oncle, il a dû vous expliquer...

— Oh! remarque que je ne te fais aucune remontrance. Tu es libre, tu es responsable de tes actes. Et je te prie de croire — je vous prie de croire aussi, chère madame Borne — que je n'éprouve de tout cela aucune animosité contre toi. Je ne comprends pas, voilà tout; je reconnais que je suis en présence d'un cas spécial que je ne soupçonnais pas, et j'attends que la suite de ta vie me l'explique.

Il reprit :

— Nous verrons, nous verrons... Pour le moment, je m'abstiens de me prononcer. Ta conduite est peut-être très profonde, et je ne voudrais pas porter sur elle des jugements téméraires. Ne parlons donc plus de cela. A dimanche, n'est-ce pas? Sept heures un quart.

— Oui, monsieur Imbert, oui, nous n'y manquerons pas, répliqua la tante Borne.

Et elle lui dit à l'oreille :

— Il ne faut pas lui en vouloir, monsieur Imbert, à votre neveu. Il vous aime bien.

— Je ne lui en veux aucunement, madame Borne, reprit l'oncle Augustin avec un sourire supérieur. N'ayez pas de crainte de ce côté-là.

Puis, ayant embrassé l'enfant, il se retira.

Son oncle parti et la tante Borne commençant à se remettre de son émoi, André eut à peu près la même sensation qu'à l'heure des vacances après les longues années scolaires, et il se demandait maintenant par quel moyen il allait gagner sa vie avec autant de plaisir qu'autrefois, à quel endroit des environs de Paris il irait faire une petite excursion. La vie lui apparaissait toute neuve, pleine d'imprévu et de surprises. Sa confiance dans l'avenir, son humeur calme et légère, son insouciance s'étaient reformées en lui, comme les débris d'une armée qui bat en retraite se réunissent pour revenir contre l'ennemi.

Il examina donc le terrain et les circonstances. Il ne se trouvait pas dénué de ressources et il n'avait pas de dettes. Grâce à l'indemnité de M. Libérat et aux profits supplémentaires obtenus en plaçant les jouets du père Léo, il pouvait compter sur plus d'un mois d'existence assurée. Mais on était dans la première semaine de l'année, et cette petite industrie devenait plus difficile à exercer. Il n'y avait plus grand bénéfice à tirer de là. Le père Léo, d'ailleurs, était sombre, se promenait des après-midi entiers dans sa chambre sans travailler. Il avait cru qu'il devenait un artiste à la mode et que les commandes afflueraient. Il n'en vint qu'une outre celles que lui avait procurées André, et même son client en fut mécontent. C'était un meuble de salon pour mettre des bibelots. Le père Léo, furieux, le détruisit de ses propres mains. Il retomba alors dans un dégoût morne de ses contemporains et déblatéra de nouveau contre la grossièreté du public et des marchands; chaque fois qu'il apercevait André ou qu'il lui rendait visite, il développait fiévreusement, avec des gestes exaltés, ses théories sur l'art du jouet et de l'ébénisterie en général. Puis il devint de plus en plus solitaire. Il semblait fuir tout le monde et ne sortait pas de son logis une fois par jour. Quand André le rencontrait dans l'escalier et lui adressait la parole, il lui répondait à peine et s'éloignait rapidement.

Il allait le prendre et le couchait dans son lit, à sa place.

André cessa de s'occuper de lui. Il se retourna du côté de Grenot, du placement des vins et des eaux-de-vie.

Il se levait courageusement à six heures du matin et allumait lui-même un poêle économique qu'il avait adapté à la cheminée. Il faisait nuit encore; Henriette s'éveillait lentement au bruit de ses pas et il venait l'embrasser. Lorsque l'enfant s'agitait dans son berceau, il allait le prendre et le couchait dans son lit, à sa place. A sept heures, il sortait. L'hiver était, cette année-là, sec et rude. Au détour des rues, les lames tranchantes du vent cinglaient la peau. André relevait le collet de son pardessus et descendait dans la ville en sifflotant.

Il n'était guère frileux et dès qu'il avait fait quelques centaines de pas, la chaleur de la marche se répandant dans ses membres, il se déboutonnait, ralentissait le pas et songeait à ses occupations de la journée.

Pour l'instant, il plaçait des eaux-de-vie sur le conseil de Grenot, qui l'avait abouché avec les représentants de plusieurs maisons de Bordeaux et d'Angoulême. Le liquoriste avait une grande affection pour son ancien camarade de collège et de l'estime pour les diplômes qu'il avait obtenus. Il lui prédisait qu'il aurait plus tard une situation brillante et que ce n'était qu'un mauvais moment à passer. Il le supplia de ne pas se gêner avec lui si jamais il avait besoin d'une petite somme d'argent en attendant ses rentrées. Et chaque matin, avant de s'élancer à la recherche du client, André devait prendre un verre de cognac en sa compagnie.

Parfois il revenait vers midi déjeuner dans l'arrière-boutique, quand ses courses le ramenaient dans le quartier des Halles.

D'habitude, elles l'entraînaient presque aux extrémités de Paris, même chez les marchands de vin de la banlieue.

Il ne montait en tramway que pour les longues distances et préférait marcher. Il allait, goûtant le plaisir d'être libre dans les rues, de n'être contraint à aucune besogne, de suivre le chemin qui lui plaisait. Il arrivait, discutait, la plupart du temps ne plaçait pas sa marchandise et revenait sans dépit. C'était pour lui une chasse, avec son hasard, sa liberté et sa fantaisie : il n'éprouvait pas plus de regret de manquer un client qu'une pièce de gibier. Et, tout en le poursuivant, il s'abandonnait à son imagination, combinait des plans pour l'avenir, faisait, dans la bousculade des passants, mille rêves hardis. N'était-il pas plus heureux ainsi, guettant l'occasion et courant à l'aventure, qu'enfermé entre les quatre murs d'un magasin? Des idées surgissaient en foule dans son cerveau, encore confuses et inapplicables, mais qui ne pouvaient manquer de se préciser un jour. La position qu'il lui fallait, celle qui convenait à sa nature et à son genre d'ambition, il allait la découvrir bientôt, en traversant une rue, en causant avec quelqu'un qu'il ne connaîtrait pas la veille.

Depuis l'interruption de ses études, il était comme un chien qui a perdu une piste, qui fouille, le nez à terre, les champs et les bois, s'élance tout à coup, puis retourne sur ses pas, franchit des fossés, parfois s'arrête inquiet et attentif. Mais bientôt une bouffée de vent lui apporte l'odeur de la bête et, sans hésiter désormais, il bondit et la rejoint.

Lui aussi, avec du travail et du flair, il retrouverait la piste égarée, la subtile émanation de la chance qui, à tout homme intelligent, désigne un jour sa route dans la vie.

Il vibrait d'espoir à ces pensées. Aucun échec ne le rebutait, une santé inaltérable lui permettait de résister à de rudes fatigues; c'est à peine si le dimanche il prenait quelques heures de repos. La tante Borne, dont les fâcheux

pressentiments avaient disparu, s'émerveillait de son
activité.

Elle ne diminuait pas. Grâce à un ami d'Émile Lebeau,
commis-voyageur en produits pharmaceutiques, il ajouta
cette spécialité à celle des eaux-de-vie, et à l'occasion il
plaçait alternativement ces deux sortes de marchandises.
Il en profita pour étudier un peu la chimie organique et
l'histoire naturelle, le soir, avant de se coucher. Il songea
aussi au journalisme. Mais il s'aperçut tout de suite qu'il
ne savait presque rien de ce qui s'était passé dans son pays
depuis cinq ou six ans. Il ignorait même le nom des ministres, ne se rappelant que celui du président du conseil,
parce qu'il venait d'y avoir une crise ministérielle et qu'on
l'avait crié sur les boulevards. Cependant, à tout hasard,
il écrivit à son condisciple, Amédée Renaud, qui était entré
dans la presse. Mais celui-ci ne lui répondit pas et André
n'en fut pas fâché. Tanon, le boursier, à qui il rendit visite,
était à Monte-Carlo.

Il fit alors par le seul fait de ses courses à travers Paris
des connaissances de courtiers de tout ordre, de petits
agents de publicité, de garçons comme lui sans ouvrage
fixe, d'autres vivant de métiers hasardeux, vendant et
plaçant n'importe quoi, intermédiaires dans les affaires les
plus différentes ; de ces gens d'une intelligence quelquefois remarquable et doués d'un génie industrieux, et qui,
toujours remuants, vrais hommes d'action et d'énergie
dans une société immobile, rôdent autour des professions
régulières ainsi que des poissons dans les eaux des gros
navires, happant ce qui tombe.

En un mois néanmoins, malgré ses efforts, André n'avait
pas gagné la moitié de ses appointements de la «Corbeille»
Le ménage commença à être gêné vers le milieu du mois
de février. Le liquoriste avança d'abord les trois ou quatre

commissions qu'André avait en perspective. Puis, un
dimanche matin, le jeune homme sortit avec l'intention
d'emprunter de l'argent à Mignot qui, déjà, lui en avait offert.

C'était la première fois qu'il empruntait, sauf les pièces
de monnaie échangées pour quelques jours avec des camarades. Cette idée lui donna une petite raideur dans les
jambes, la tension musculaire qui précède les exercices de
gymnastique qui ne nous sont pas familiers. On dirait que
les hommes ne sauraient avoir entre eux de rapport plus
délicat que celui de se demander un peu d'or. A ce moment, il se répand soudain sur les visages une teinte de
gravité tout à fait particulière à l'emprunt. Aucune autre
émotion ne donne la semblable, et par un étrange phéno-
mène elle est souvent la même chez celui qui emprunte
que chez celui qui est l'objet de la préférence. L'argot des
clubs nomme cette opération d'un mot exquis, le « tapage »;
mais il y a autant de différence entre le tapage et l'emprunt
qu'entre un cheval de sang et un cheval de fiacre. Seul, un
homme ayant de l'autorité, des relations, une situation
dans le monde peut « taper ». Cela doit être fait avec
désinvolture, comme un acte auquel son auteur lui-même
n'attache pas d'importance.

André ne pouvait avoir la prétention de « taper » Mignot.
Il manquait de la tenue et du sans-gêne nécessaires. Il se
borna à lui emprunter cent francs d'une voix douce et
engageante. Mignot lui tendit immédiatement un billet de
banque avec cordialité, et André ne ressentit pas l'espèce
d'humiliation qu'il craignait. L'employé poussa la courtoisie jusqu'à lui promettre de n'en rien dire à l'oncle
Augustin, engagement qu'André n'osait pas lui réclamer.

Henriette fut d'avis de ne pas cacher à la tante Borne ce
léger incident. André hésitait, elle lui dit :

— Je t'assure, mon ami, qu'elle ne trouvera pas ça

extraordinaire. Elle n'est pas aussi troublée que tu le crois et elle a très bien pris son parti de nos petits ennuis.

La vieille dame, en effet, n'avait pas tardé à s'accommoder à la situation. D'ailleurs, ce genre d'embarras n'était pas absolument nouveau pour elle. Du temps qu'elle habitait avec son frère devenu veuf, et que les affaires commençaient à mal tourner, elle avait vu la foule des créanciers envahir la maison; elle s'était débattue contre eux, elle avait eu jusqu'à des scènes dans l'antichambre, et elle raconta, à ce propos, qu'un soir un fournisseur, qui ne parvenait pas à se faire payer, l'avait appelée « mégère ».

Depuis, il est vrai, elle avait pris la passion de la régularité et de l'économie. Elle divisait ses rentes par portions égales, mettant de côté dans des tiroirs l'argent nécessaire aux échéances, toujours sûre de son loyer, qui était sa préoccupation continuelle.

Aujourd'hui, il lui fallait s'arranger autrement. Les ressources étaient moins considérables; elles étaient surtout plus irrégulières. Quand André annonçait qu'il avait une somme à toucher pour le lendemain, il lui arrivait souvent de ne la recevoir que cinq ou six jours après et parfois même de n'obtenir qu'un acompte. La tante Borne alors faisait patienter les fournisseurs, qui avaient confiance, car elle ne restait pas longtemps en retard.

Henriette et elle combinaient les dépenses du ménage pendant les absences d'André. En réalité les choses indispensables ne leur faisaient jamais défaut. C'était simplement la gêne ordinaire de tant de familles, entraînant les privations supportables, les réductions insignifiantes sur la nourriture. La tante Borne confectionnait des ragoûts qui duraient des journées entières, détail auquel personne ne prenait garde. Henriette disait, quand la vieille dame regrettait de ne pouvoir faire des plats soignés et bien parés :

— Il n'y a qu'à nous figurer, ma tante, que nous sommes en chemin de fer et que nous avons oublié nos provisions avant de partir.

— Oui, mais, répliquait la tante Borne en plaisantant aussi, non sans une nuance d'inquiétude, en chemin de fer on finit par arriver.

— Nous arriverons, ma tante. ·

Un jour, à cause d'une dépense imprévue qu'il avait fallu faire pour la petite fille, elles n'eurent plus que trois francs.

— Tiens, s'écria la tante Borne, si au lieu d'ennuyer André, puisqu'il nous a déjà donné de l'argent hier, j'allais mettre cette vieille montre au Mont-de-Piété, tout bêtement?

— Fais donc, c'est bien plus simple.

On lui prêta seize francs. André s'aperçut de la disparition de l'objet, devina et allait s'attrister ; mais Henriette lui dit :

— Mon chéri, nous n'allons pas nous imaginer que tout est perdu, n'est-ce pas, parce que nous portons une montre au Mont-de-Piété? C'est un enfantillage. Je suis certaine qu'il n'y a pas dans toute la maison un logement où l'on n'ait recours au Mont-de-Piété au moins une fois par mois. Ne t'occupe donc pas de ces détails-là et continue tes affaires. Quand nous n'aurons plus rien, on te le dira.

— Il est vrai, fit André, que ce n'est pas...

— C'est un enfantillage, interrompit Henriette, je le répète. N'en parlons même plus.

— Je n'ai pas attendu un quart d'heure seulement, mon petit, dans ce Mont-de-Piété, fit la tante Borne, croyant le consoler tout à fait.

Les deux femmes se débarrassèrent ainsi peu à peu, suivant les occasions, de divers bijoux et bibelots inutiles, comme jetant du lest afin de tomber moins vite. On atteignit de cette façon l'époque du terme. La tante Borne mit à exécution un projet qu'elle caressait déjà depuis un mois, car elle songeait au loyer longtemps à l'avance : c'était d'aller en emprunter elle-même le montant à l'oncle Augustin. Elle jugeait impossible que celui-ci pût lui refuser.

— D'ailleurs, fit Henriette, il est bien naturel que M. Imbert prête quelques sous à son neveu. Il n'a pas d'enfants et, d'après ce que m'a dit André, jamais il ne lui a rien donné que des petits cadeaux, au Jour de l'An, autrefois.

L'oncle Augustin était dans son bureau et lisait un journal. A peine eut-il saisi le but de la visite de Mme Borne, qu'il se leva en souriant et alla prendre une enveloppe placée sur la cheminée.

— Cette enveloppe, chère madame, contient cent cinquante francs, un billet de cent francs et un de cinquante. Vous n'avez qu'à lire la suscription : *Madame Borne*, pour voir qu'elle vous était destinée.

— Oh ! monsieur Imbert !

— Je savais que vous viendriez et que vous ne seriez pas en mesure pour payer votre terme.

— Monsieur Imbert ! s'écria la vieille dame en joignant les mains dans un mouvement d'admiration et de reconnaissance.

— Oui, continua Augustin Imbert en accentuant son sourire, oui, mon Dieu, j'avais supposé cela. Et je ne me suis pas beaucoup trompé, il me semble ?

— Ah ! monsieur Imbert ! vous avez une tête, vous !

— Mais, ajouta l'oncle Augustin, vous allez me permettre de vous faire une question. C'est à propos de mon neveu.

Vous qui le fréquentez sans cesse, vous ne lui connaîtriez pas quelque défaut grave?

— Lui! Il n'en a aucun, le pauvre petit!

— Il n'est pas joueur?

— Ah! quelle horreur! fit la tante Borne qui se rappela soudain l'histoire de Moussu, qu'elle avait toujours soigneusement cachée à l'oncle Augustin.

— Il ne boit pas? reprit M. Imbert.

— Vous plaisantez, n'est-ce pas, monsieur Imbert? Il ne va même pas au café, ou si peu... quand il ne peut pas faire autrement, pour ses affaires...

— Il n'est pas extrêmement paresseux?

— Il travaille du matin au soir.

L'oncle Augustin laissa retomber sa main sur son bureau.

— Alors, tout cela me paraît inexplicable. C'est absolument fantastique!

Et comme se parlant à lui-même, il ajouta :

— Aurait-il quelque chose de dérangé dans la cervelle?

— Ah! monsieur Imbert, vous ne le croyez pas! s'écria la vieille dame désespérée.

— C'est une manière de parler, chère madame, rassurez-vous.

Elle le remercia avec chaleur. André, le lendemain, vint le remercier à son tour. Il ne lui adressa aucun reproche, se contentant de lui dire :

— Réfléchis bien, mon garçon. Tu es dans une de ces périodes de la vie où le moindre faux pas vous fait faire des chutes terribles, dont il est impossible de se relever. Tu as une femme et un enfant. Tâche de ne pas les entraîner avec toi.

« Bon! songea André. Heureusement qu'il me dit cela en me donnant de quoi payer mon terme. »

Il fit à ce moment coup sur coup plusieurs placements qui lui donnèrent quelque argent. Puis ce fut une série de mauvais jours. Le ménage oscillait, touchant parfois presque à la détresse et remontant ensuite jusqu'à une

gêne tolérable grâce à un hasard, à un léger bénéfice que réalisait André à la dernière minute. La main prudente de la tante Borne, le doux sang-froid d'Henriette les soutenaient encore tous les quatre dans ces périls. Néanmoins, il fallut de nouveau avoir recours aux emprunts.

Et la tante Borne partit un matin. Elle se rendait à l'autre extrémité de Paris, chez une vieille parente, Mme Lidou, beaucoup plus âgée qu'elle et qui vivait avec une seule bonne. Elle ne lui faisait pas une visite par an ; mais comme dans leur jeunesse elles n'avaient eu que de bons rapports, la tante Borne espérait que sa démarche ne serait pas inutile. Mme Lidou l'accueillit très cordialement ; mais elle n'était pas riche, n'ayant que de petites rentes dont elle subsistait à grand'peine. D'ailleurs, elle était devenue excessivement sourde et impotente. Elle ne comprit le sens de la démarche de madame Borne qu'avec beaucoup de difficulté et consentit à prêter quarante francs, pas un centime de plus. Encore dut-elle appeler sa bonne,

lui demander la somme d'une voix criarde, et la domestique
alla chercher en bougonnant dans sa chambre une pièce de
dix francs, trois pièces de cent sous et le reste en
monnaie.

La tante Borne avait rougi subitement. Elle embrassa
sa parente et disparut, promettant de rapporter cela dans
un mois.

Elle avait encore à Paris deux compatriotes, un ancien
percepteur de son pays et une fruitière établie avenue des
Ternes. Elle ne put leur tirer que des sommes insignifiantes.

Alors elle engagea ses reconnaissances du Mont-de-
Piété et ne tarda pas à devoir à tous les fournisseurs du
quartier.

Elle était devenue en peu de temps et naïvement d'une
adresse extrême dans l'art d'emprunter, et quand elle avait
réussi elle était à la fois honteuse et triomphante. D'abord
elle se contenta des trucs les plus élémentaires, feignant
chez le crémier ou chez le boucher d'avoir oublié sa
bourse. Les commerçants, qui la voyaient chaque jour,
depuis des mois, faisant son marché avec un air respectable et connaisseur, lui répondaient par des gestes polis,
des : « Comment donc, madame Borne, ça ne fait rien »,
ou : « Ce sera pour demain, ne vous gênez pas. »

La gêne du ménage continuant, elle eut recours à des
moyens plus raffinés ; celui de la lettre chargée annoncée
par son notaire et qui n'arrivait pas lui servit chez plusieurs
fournisseurs. Elle obtint aussi de ne payer chez l'épicier
que tous les quinze jours, sous prétexte que son neveu
touchait ses appointements par quinzaine.

Le soir, à l'heure de se coucher, elle se sentait pénétrée
de remords de tous les mensonges qu'elle avait dits dans la
journée. Elle tombait à genoux au pied de son lit et e n

demandait pardon à Dieu par des prières simples et touchantes.

Mais les deux femmes étaient prises maintenant dans le douloureux engrenage des dettes de quartier, et souvent elles n'osaient pas sortir de peur d'avoir des explications à donner à de créanciers debout sur le pas de leur porte. La concierge commençait à se plaindre des réclamations qui arrivaient dans sa loge. On cachait autant qu'il était possible tous ces petits drames à André.

La tante Borne eut même, une fois, une scène dans l'escalier de la maison. Elle avait emprunté trente francs au charbonnier, en lui montrant les papiers notariés qu'elle possédait et qui établissaient ses droits à une rente viagère. Les plus importants se trouvaient entre les mains de l'agent d'affaires Ledoux. Mais le charbonnier y avait à peine jeté un coup d'œil, et, plein de confiance, s'était exécuté. L'emprunt était contracté pour jusqu'à la fin de la semaine. Henriette avait secoué la tête avec tristesse, car elle jugeait cet acte indélicat, malgré l'exiguïté de la somme. C'était également l'avis de la tante Borne et elles restèrent longtemps silencieuses, sans se regarder. Puis la vieille dame avait dit :

— Hé ! ce n'est rien tout de même, ma fille. Si ça presse, on le dira à ton mari qui se procurera de l'argent. Pardi ! trente francs...

A la date fixée, le charbonnier se présenta. On le pria d'attendre jusqu'au lendemain. Il se mit brusquement dans une colère violente et il s'écria avec un accent auvergnat qui fit sursauter la petite Louise :

— J'ai une échéance aujourd'hui et il me les faut !

— Je ne me le suis pas rappelé, hasarda la tante Borne.

— Quèche que ch'est, continua le créancier, que ches papiers que vous m'avez montrés ! Et puis, je me chuis informé... vous devez de l'argent dans tout le quartier. Je veux le mien tout de chuite !

Et la tante Borne l'ayant prié encore de patienter un jour, il entr'ouvrit la porte et se mit à crier dans l'escalier que « ches choses-là, ch'étaient des malhonnêtetés ». Des voisins étaient sortis sur le palier, attirés par le bruit de la dispute. La tante Borne était affolée et avait les larmes aux yeux. Henriette s'avança vers le plaignant et, le regardant en face :

— Vous ne voulez pas attendre un jour, n'est-ce pas, monsieur ?

L'autre balbutia :

— Non.

— Bon ! reprit Henriette. Eh bien ! alors, restez là cinq minutes.

E'le rentra dans la chambre et revint en portant d'un mouvement vigoureux d'épaules deux paires de draps.

— Je descends chez la marchande à la toilette qui est en bas et je remonte vous payer tout de suite. Seulement, n'est-ce pas, vous allez vous tenir tranquille et ne pas causer de scandale ici.

Devant cet acte énergique, le charbonnier se calma, mais on vit soudain tourner la porte du père Léo et le vieux bonhomme, un marteau à la main, marcha vers lui :

— Vous n'avez pas fini de faire tout ce tapage, vous! On vous entend de partout! Ma parole d'honneur, on dirait qu'on est bon à pendre parce qu'on doit quatre sous à ces gaillards-là ! Un charbonnier !...

— Un charbonnier vaut un menuigier, bougonna l'autre.

— Enfin, ces dames vous doivent trente francs, à ce qu'il paraît. Vous le hurlez assez fort... Les voici, continua le père Léo très méprisant, vous ne serez pas encore obligé d'aller trouver le commissaire de police pour aujourd'hui.

— Merci, monsieur Léo, dit Henriette en lui serrant la main.

La paix se rétablit et le créancier disparut. Les deux femmes n'avaient pas aperçu leur voisin depuis un mois. Mais il ne voulut pas engager de conversation, se contentant de répondre :

— Cela n'est rien, madame, cela n'est rien. A charge de revanche.

— Vous n'êtes pas trop gêné, au moins, monsieur Léo? demanda la tante Borne.

— Aucunement, madame. Vous me rendrez cette misère quand vous voudrez.

Et il regagna sa chambre après les avoir saluées respectueusement.

A la suite de cette scène, la tante Borne fut obligée de garder le lit pendant quelques jours. La bronchite qu'elle avait chaque hiver reparut aux premières fraîcheurs du printemps et s'aggrava. Il fallut plusieurs visites du médecin. On craignit une pneumonie. Enfin le mal disparut. Tous ces incidents compliquèrent encore la situation du ménage, qui devint alarmante au commencement du mois de juillet. André, sous le coup d'une dépense urgente, fut tenté d'acheter des bijoux à crédit et de les mettre au Mont-de-Piété. Mais il hésita devant cette action qui pouvait avoir des conséquences graves et se tira du mauvais

pas par un puissant effort de volonté. Il passa cinq nuits
consécutives, à la Halle, chez un commissionnaire en fruits
et légumes qu'il avait rencontré chez Javier, à surveiller et
à disposer des arrivages de marchandises. Cela ne l'empê-
chait pas, le jour, de courir après ses clients et il ne dormait que deux ou trois heures.

Un matin, cependant, un peu avant l'échéance du loyer,
comme il se disposait à envoyer une dépêche à son père,
le facteur lui apporta un pli chargé. C'était une lettre de
Linières, le banquier, datée d'Ostende et conçue en ces
termes :

« Mon cher Imbert

« J'arrive ici, au retour d'une foule de pérégrinations
que je vous raconterai de vive voix. Vous ne pouvez vous
imaginer quel plaisir j'aurai à vous voir et à vous serrer
la main, avant d'entreprendre de nouveau un grand
voyage. Qu'êtes-vous devenu? Où en êtes-vous de vos
affaires? Je me suis souvent posé ces questions. Je n'ai conservé aucune relation à Paris et vous êtes la seule personne
pour qui j'éprouve de l'intérêt. Tâchez de venir me trouver
à Ostende : nous resterons ensemble quelques heures. Je
vous envoie trois cents francs à tout hasard, car je suppose que vous n'êtes pas riche. Tant mieux si je me trompe.
Je suis descendu à l'hôtel des Flandres, sur la jetée, au
nom de Leyven. C'est sous ce nom que j'ai chargé ma lettre.
D'ailleurs, j'irai vous attendre à la gare.

« Tous mes compliments chez vous et à vous une bonne
poignée de main de

« Votre ami,

« LINI. »

14

— C'est une chance! s'écria André.

Il télégraphia à Linières qu'il partirait la nuit et arriverait à Ostende le lendemain matin. Il n'emporta que cent francs et laissa les deux cents autres à la tante Borne. Après dîner, il se dirigea vers la gare, car, voyageant en troisième classe, il prenait un train omnibus et restait toute la nuit en chemin de fer. Il ne voulut pas qu'on l'accompagnât; il embrassa son enfant et sa femme, la vieille tante aussi, avec un peu plus d'émotion que n'en eût comporté en temps ordinaire un déplacement aussi simple. Mais leur position était si fragile que le moindre incident la déséquilibrait. Puis, deux êtres qui s'aiment et qui s'éloignent l'un de l'autre n'ont-ils pas toujours comme un vague frisson de peur de laisser le hasard pénétrer entre eux?

Durant le trajet, André ne dormit presque pas. Il s'était placé près de la portière : un vent tiède venait se briser contre son visage. Il regardait les formes noires des maisons et des arbres s'élancer tout à coup sous les étoiles immobiles et très claires, et il jouissait de cette saveur de liberté et d'indépendance qu'apporte dans ces boîtes où nous sommes pourtant enfermés à clef l'air sans cesse changeant, l'air capricieux et léger qui vient de courir dans des pays inconnus.

Par moments, la fatigue de ses yeux le rejetait dans le coin du wagon et il sommeillait quelques minutes. Des bruits l'éveillaient bientôt. Il vit peu à peu les rivières et les collines indécises, les bois sortir de l'obscurité; et le soleil éclata sur la campagne. Au matin, il se trouvait en Belgique et, alors, il constata qu'il n'avait songé à rien de précis pendant cette longue nuit.

Linières l'attendait à la gare d'Ostende. Il lui serra les mains avec effusion.

Il embrassa son enfant et sa femme.

— Mon cher ami... Ah! mon cher André, que je suis heureux de vous voir ! Comment ça va ? Votre femme ?... Est-ce que vous avez un enfant?

— Oui, une petite fille... d'un an.

— D'un an ! En effet... voilà deux ans que j'ai quitté Paris. Ah ! le temps passe. Mon cher ami, je vais vous dire une chose qui va vous étonner. On ne regrette pas du tout Paris. Quand je l'ai quitté, j'étais navré, vou.. vous rappelez. Eh bien ! on s'y fait. Vous n'avez pas de bagages ?

— Une valise.

— Mettez-la dans l'omnibus de l'hôtel, et allons à pied.

Linières lui prit le bras. Ils traversèrent une partie de la vieille ville, franchirent le pont du canal et s'engagèrent dans une longue rue, aux pavés pointus et noirs, qui menait à la jetée.

L'ancien banquier avait changé physiquement. Il était moins gros, avait laissé pousser sa barbe et marchait d'une façon plus posée. Il avait même tout à fait perdu ce débraillé de Parisien qui se sent chez lui sur les boulevards et il allait avec une certaine raideur de cosmopolite méfiant. Sa voix aussi, comme imprégnée d'une foule d'accents différents et confus, avait perdu les inflexions narquoises de Paris. Elle était devenue calme et sans éclat.

— Ce que j'ai fait, cher ami? Hé ! j'ai beaucoup circulé... six mois à Odessa, deux mois à Alexandrie... pour affaires. Je viens de Hambourg où je suis resté près d'un an, pour me reposer à Ostende... et de là, je pars pour l'Amérique.

— Vous quittez l'Europe ?

— Absolument. Je suis mêlé à un grande entreprise dans l'Amérique du Nord. Très belle affaire. Je ne rentrerai en France — et encore peut-être, ça dépendra — que

dans six ou sept ans... et, je l'espère, riche. Mon vieil
André, j'aurais eu du chagrin de ne pas pouvoir vous donner cette poignée de main avant de filer pour un si long
voyage...

— Vous êtes fort aimable, monsieur Linières, et ça me
fait plaisir aussi de vous voir.

— Appelez-moi donc Linières tout court... ou plutôt :
cher ami tout bonnement, ou Gaston, par mon petit nom,
ce sera encore mieux. Et vous, dites donc ce que vous êtes
devenu ?

André le lui raconta succinctement.

— Eh ! eh ! fit Linières en souriant, quand il eut fini, je
crois que j'ai bien fait de vous envoyer ces pauvres quinze
louis ?

— Vous pouvez le dire, reprit André. J'ai payé mon
terme avec, entre autres services que cela m'a rendu.

— Ce cher André ! continua Linières en lui pinçant le
bras. Mais vous savez...

Et se penchant à son oreille, il ajouta :

— Il y a encore un billet de mille pour vous, mon vieux,
quand vous vous en irez. Inutile de me remercier, ça me
donne encore plus de contentement qu'à vous. Je n'ai
jamais oublié notre dernière... soirée à Paris. J'étais très
triste... Tout cela est enterré, je n'en suis pas fâché. Mais
ne revenons pas là-dessus.

Ils étaient sur l'immense jetée. Une multitude de cos-
tumes brillants et bariolés tournoyaient au soleil. Les
ombrelles blanches des femmes et les couleurs flam-
boyantes des chapeaux et des robes renvoyaient la lumière.
On commençait à crier des journaux; sous de petites
tentes, des marchands de jouets et de gâteaux faisaient
des gestes aux passants. Un grand murmure semblait arriver de loin, entraînant tous les bruits de voix. André vou-

lut s'avancer pour mieux apercevoir l'Océan qui était un spectacle nouveau pour lui:

— Tout à l'heure, cher ami, tout à l'heure. Passons d'abord à l'hôtel qui est à deux pas. Vous ferez un brin de toilette, puis nous nous promènerons.

— Est-ce que monsieur le comte déjeune ? demanda un maître d'hôtel.

— Parfaitement, deux couverts. La chambre que j'avais retenue est préparée ?

— Oui, monsieur le comte.

— Vous resterez deux jours, n'est-ce pas, jusqu'à après-demain au moins ? dit Linières, en s'adressant à André... Entendu.

— Par ici, monsieur le comte, fit le maître d'hôtel en désignant un couloir.

Dans l'escalier, Linières toucha en riant l'épaule du jeune homme.

— C'est amusant... hein ! « Monsieur le comte ! » Que voulez-vous? Machine de voyage... très commode... A propos, je vais vous donner les cinquante louis tout de suite, pour que vous vous amusiez ces deux jours sans arrière-pensée.

Lorsque André eut changé de linge, Linières le conduisit à la poste et il expédia cinq cents francs à Henriette avec un télégramme rassurant. Puis ils revinrent sur la jetée. La foule des promeneurs s'était encore accrue. Linières lui montra deux actrices de Vienne qui causaient avec un ministre plénipotentiaire et fit un petit salut protecteur au directeur du Kursaal, qu'il venait de croiser.

André, de côté, l'admirait naïvement: il était impossible d'avoir l'air plus tranquillement heureux. Il se rappela alors, mais sans ironie, comme par une association naturelle d'idées, que Linières, après sa fuite, avait été

condamné par le tribunal correctionnel par contumace à
deux ans de prison pour escroquerie et abus de confiance.
Ce mot lugubre de prison jurait vraiment avec l'éblouis-
sante immensité de la mer qui s'étendait devant eux,
avec toute la gaieté de la promenade, avec toute cette

atmosphère libre et joyeuse. Dans la justice régulière des
choses, si Linières avait été un être malchanceux et quelconque, il serait en ce moment entre quatre murs sombres
recevant par une lucarne un jour blafard. Et bientôt il
allait partir pour l'Amérique, de l'argent plein ses poches,
prodigieusement dédaigneux de cet épisode déjà lointain
de sa carrière d'homme d'affaires.

André en soi-même ne le blâmait pas ou plutôt il lui
trouvait des excuses, car, s'il eût pu considérer le banquier
comme un escroc vulgaire, il ne serait pas là, à côté de
lui, à son bras, ayant accepté une somme qui lui était d'un
secours décisif dans la dure position où il se débattait.
Toutes ces histoires de finance sont si vagues, si difficiles
à débrouiller, le bien et le mal y sont si mélangés, y dépen-

dent tant du hasard et de l'imprévu, qu'il faut en juger les
victimes avec une sorte d'indulgence. On n'est pas en présence de ces actions honteuses qui déshonorent à jamais :
c'est un déshonneur provisoire et révocable, qui est, dans
ces matières, comme l'honneur lui-même d'ailleurs, un
peu une question d'argent et de chance.

En outre, Linières avait de la générosité dans le caractère, de la bonhomie et de la franchise. Il n'était pas incapable non plus de tendresse.

Et, par-dessus tout, il était heureux, largement heureux.
Il respirait avec ampleur, parlait avec sécurité. Quelle for-
midable différence le hasard met entre le sort de ces aven-
turiers et celui de ces pauvres êtres qui pullulaient là-bas
dans le grouillant immeuble de ce faubourg de Paris !

André encore avait l'espoir de s'évader un jour de ces
prisons. Et le souvenir de ceux qu'il aimait se mêlait doucement à ces réflexions. Que n'étaient-ils ici avec lui :
Henriette, une ombrelle blanche ou rose à la main, ainsi
que ces belles dames ; l'enfant, trébuchant ainsi que ceux
qu'il voyait là, sur le sable fin et mou de la plage ? Ils sup-
portaient tous en ce moment la lourde chaleur des toits,
ils descendaient par des escaliers noirs chercher une nourriture médiocre.

Le bavardage de Linières le tira de ces pensées.

— Hein ! c'est beau la mer ! dit-il en tendant la main
vers l'horizon.

André sourit et fit un signe d'approbation.

— Maintenant, allons déjeuner.

Ils remontèrent. Le jeune homme, d'un mouvement de
tête, écartait les souvenirs qui le troublaient tout à l'heure.
Il songea qu'il avait envoyé cinq cents francs à sa femme,
qu'il en avait autant dans son portefeuille, et il déjeuna
gaiement sous une véranda garnie de fleurs d'où, en se

tournant, on apercevait la bande lumineuse et mouvante
de l'Océan.

Dans l'après-midi ils firent une promenade en voiture,
puis ils allèrent se faire photographier par un procédé
instantané. Vers le soir, ils rencontrèrent sur la jetée un
monsieur assez grand, en redingote noire et chapeau gris
à haute forme, à barbe d'un roux clair, qui marchait en
traînant légèrement la jambe à côté d'un seul compagnon.
Il avait une apparence distinguée et cordiale à la fois.
Beaucoup de gens le saluaient.

— C'est le roi des Belges, dit Linières à André.

Et il le salua à son tour. Le roi lui rendit son salut
comme il faisait pour tous. André ôta aussi son chapeau
instinctivement et suivit un instant le monarque d'un
regard curieux.

Après dîner, ils allèrent à Kursaal. Linières avait renoncé,
dit-il, à jouer au baccara. Il fit une partie de billard avec
André.

Celui-ci ne partit d'Ostende que le surlendemain.
Linières exigea qu'il revînt en première classe et lui paya,
en riant, le supplément, malgré l'insistance d'André. Une
certaine émotion glissa sur son visage quand l'heure du
départ sonna. Ils s'embrassèrent.

— On se reverra, mon vieux, murmura-t-il. Bonne chance !

André rentra à Paris, le cerveau rempli de projets aven-
tureux, tout son être frémissant d'ambition. Le contact de
ce Linières, inconscient et vagabond, l'avait secoué d'une
fièvre d'activité et d'audace. Il aurait voulu arracher
Henriette, sa fille et jusqu'à la vieille tante paisible, de ce
taudis où elles étouffaient, les emporter en des pays de
lumière et de large horizon, se repaître avec elles de nature
et de vie. Et, sous les caresses du retour, il songeait à des
départs, à de longs voyages, à la fuite.

— Hé! que tu as bonne mine, mon garçon! s'écria la tante Borne.

Il essaya, dès le lendemain, de reprendre les affaires qu'il avait laissées en suspens. Mais il lui sembla soudain qu'une force inexplicable l'en éloignait, le rejetait loin de son travail coutumier, comme si on lui tournait la tête violemment pour le contraindre à regarder ailleurs.

Au lieu de courir après ses clients, il fit avec Henriette et l'enfant une promenade au Bois. Plusieurs jours s'écoulèrent ainsi, dans une oisiveté machinale.

Mais il fallut recommencer sa chasse de courtier, les conversations avec les marchands de vin, les courses sur les impériales des tramways. Il n'osa pas s'avouer que son courage avait faibli, que quelques heures de paresse et de fantaisie en avaient brusquement arrêté l'élan.

Ce qui était lourd pour lui, maintenant, douloureusement lourd, c'était le passage d'une journée à une autre quand, revenant le soir à la maison, il se demandait ce que le lendemain il allait faire. Toujours la même besogne l'attendait. Il allait passer par les mêmes rues, voir les mêmes têtes, dire les mêmes mots. Et, se mettant à la fenêtre pour aspirer un peu d'air rafraîchi, il apercevait de haut les lignes furtives des passants, filant sous les becs de gaz. Tous ces hommes avaient quelque but et quelque espoir précis. Aucun n'était inquiet de la même inquiétude que lui; aucun ne menait une existence aussi incertaine et aussi vague.

Il se couchait et le sommeil ne le saisissait que lentement. Une nuit que ses nerfs surexcités le tenaient les yeux ouverts dans l'ombre, il tira doucement ses jambes hors des draps, et, sans éveiller Henriette, s'assit sur le bord du lit. Il demeura là, les mains sur les genoux, à songer. Les premières lueurs du jour apparurent, s'étendant

Il fit, avec Henriette et l'enfant, une promenade au bois.

peu à peu sur les meubles de la chambre, montrant les murs nus. Et à un petit mouvement qu'il fit, le gros cordon qui retenait un des rideaux de l'alcôve se détacha en silence et le toucha à l'épaule, comme une main. Il poussa un cri. Henriette se dressa.

— Qu'as-tu donc, André?

Il avait le front mouillé de sueur.

— Suis-je bête! dit-il. J'ai eu peur de ce rideau.

— Mais qu'est-ce que tu faisais dans cette posture, mon ami? reprit-elle en souriant.

— Je... je... ne sais pas, murmura-t-il d'une voix sourde. Je cherchais si nous ne pourrions pas nous en aller... à la campagne, n'importe où... oh! je voudrais quitter Paris, ne serait-ce que quelques jours... Tiens! j'ai une idée... Je vais envoyer une dépêche à mon père pour lui demander s'il peut nous offrir l'hospitalité pour jusqu'à la fin du mois. Voilà une idée excellente!

— Mais, mon pauvre ami, fit Henriette, tes affaires, tes...

André l'interrompit.

— Mes affaires! il sera toujours temps de les reprendre, mes affaires! Elles m'agacent, elles m'énervent. Et toi, ma chérie, ajouta-t-il en l'embrassant, tu pâlis, tu ne te portes pas aussi bien que l'an dernier. Il te faut de la campagne et du grand air, comme à cette enfant. Oh! si, pour une raison ou pour une autre, mon père... Non, mais il ne peut pas refuser, ça lui fera plaisir, au contraire. Vrai! je serais désolé de ne pas vous emmener là-bas.

— Voilà une résolution, mon chéri, un tant soit peu brusque.

— Seras-tu contente, oui ou non?

— Dame! je t'avoue que, les affaires à part, je n'en serais pas autrement fâchée. Mais c'est une folie tout de même.

— Hé, non! Et puis, si elle nous plaît, faisons-la. Qui s'inquiète de nous? Quelles choses si utiles nous retiennent à Paris? La situation ne sera pas plus grave quand nous reviendrons. C'est convenu. Je t'en supplie, ne dis pas non.

— Nous verrons cela demain matin. Recouche-toi donc.

— Je vais expédier la dépêche.

— En pleine nuit?

— Mais non, il fait jour. Je me lève. Je suis enchanté de cette idée, décidément!

Et s'étant habillé, il sortit.

La tante Borne, surprise d'abord par cette résolution, réfléchit et finit par la trouver très raisonnable. Elle déclara, toutefois, qu'elle préférait, elle, rester à Paris, afin de ne pas gêner M. Imbert, qu'elle ne connaissait pas. Elle ne s'ennuierait pas trop pendant leur absence et fréquenterait l'oncle Augustin. Justement, une des domestiques du sixième était libre, ses patrons étant partis pour les bains de mer. Elle l'aiderait dans le ménage et consentirait même à coucher sur un matelas dans sa propre chambre, tandis qu'elle occuperait, elle, celle des époux. Il restait assez d'argent pour tous les frais.

Un séjour à la campagne était encore une occasion très favorable pour sevrer la petite Louise.

— Et puis, ma fille, ajouta-t-elle mystérieusement, je suis heureuse de voir André changer d'air. Il a quelque chose, je le sens; il est dans de mauvaises idées. Vous reviendrez tous les trois ragaillardis.

M. Imbert père répondit le soir même par télégraphe. Il ne demandait pas mieux que d'embrasser ses enfants et les attendait avec impatience.

On fit les préparatifs du départ.

V

— Et la maison, comment est-elle? demanda Henriette.

Le train se mettait en marche. Ils étaient assis tous les deux de chaque côté d'une des portières. Henriette maintenait la petite fille entre ses bras et jetait un dernier coup d'œil aux paquets disposés sur la banquette.

André alors chercha à rappeler ses souvenirs sur Sainval, la propriété de son père aux environs de Châtellerault. Ils étaient un peu confus, car il n'y était pas retourné depuis sa quatorze ou quinzième année. Il revoyait pourtant un gros arbre, un châtaignier, croyait-il, planté à quelques pas de la porte et aux branches duquel on avait pendu une balançoire afin qu'il s'amusât. Il avait gardé surtout la mémoire d'une certaine tour qui faisait partie de la ferme et qu'on disait très vieille. Elle servait à la fois de grenier et de grange. Des raisins, des pommes, y étaient conservés pour l'hiver sur des chaises d'osier, la basse-cour séparait la ferme de la maison de maître dont la plus vaste pièce était la cuisine, avec une cheminée immense dans le fond. La disposition du reste lui échappait.

On descendait à la station de Dangé, à quatre ou cinq lieues de Châtellerault, on franchissait la Vienne et on s'engageait dans un chemin qui montait. Sainval se trouvait à dix kilomètres de Dangé, dans la commune de Mondion.

— A quelle heure arrive-t-on ?

— A quatre heures de l'après-midi par ce train-là qui est omnibus. Nous serons à Sainval vers cinq heures.

Alors André se leva pour se dégourdir les jambes et, regardant par-dessus les cloisons qui séparaient les compartiments de ce wagon de troisième classe, examina distraitement ses compagnons de route : deux paysannes sur les mêmes banquettes qu'eux, commençant à sortir leur déjeuner d'un panier, une société bruyante de six personnes dans le compartiment voisin, des militaires dans le troisième. Tous tâchaient de s'arranger du mieux qu'ils pouvaient dans ces boîtes incommodes qui emportent au loin les pauvres diables.

Henriette n'avait jamais voyagé que dans les trains sans pittoresque de la banlieue parisienne, et elle était attentive à tous les incidents du parcours. On traversait la Beauce, triste et plate étendue aux autres époques de l'année, mais qui, en ce début du mois d'août, est une blonde mer de blés mûrs. Après Blois le paysage changeait tout à coup, et l'on apercevait la Loire large et luisante coulant entre les peupliers et les prairies, autour de ses flots de sable doré. Un rideau sombre de forêts terminait la vallée sur la gauche, et, par endroits, au sommet des coteaux, des châteaux dressaient leurs façades blanches et leurs toits d'ardoise.

Sous la lourde chaleur de midi, des voyageurs dormaient en balançant la tête. Henriette et André, dans la joie de leur fuite, causaient, penchés l'un vers l'autre, nommant les pays où ils passaient. Ils déjeunèrent sur une serviette, avec les provisions préparées par la tante Borne; la petite Louise se tenait tranquille, assise à côté d'Henriette. D'ailleurs, elle était pour son âge déjà fine et douce, et elle vous regardait avec de grands yeux très clairs qui attendaient l'heure de comprendre.

A Dangé, ils descendirent. Sur le quai de la gare, André aperçut un grand garçon vêtu d'une blouse qui s'avança vers lui :

— Monsieur André?...

— Oui.

— J'étais bien sûr que je vous reconnaîtrais tout de suite... Je suis Joseph Boitard. Vous ne me remettez pas, monsieur André?

— Eh! parbleu! oui, je vous reconnais à présent.

C'était le fils du père Boitard, le fermier de Sainval depuis de longues années. Il avait à peu près le même âge qu'André.

— Il y a plus de dix ans pourtant qu'on ne s'est pas vu.

— En voilà bien douze, monsieur André, ce mois-ci... Il n'était guère grand en ce temps-là, votre mari, madame, ajouta-t-il pour dire quelque chose à Henriette.

Celle-ci lui tendit la main en riant.

— Vous avez la carriole, Joseph? demanda André.

— Elle est là. M. Imbert serait bien venu avec moi et mon père aussi, mais ils ne se font plus jeunes, et ce qu'elle secoue, la carriole, monsieur André!

— Allons, chargeons les bagages. Vous me donnerez des nouvelles de tout le monde en route. Votre sœur doit être une grande fille?

— Elle va sur ses dix-huit, monsieur André. Et la mère Boitard est toujours solide. Par exemple, si c'est la même

Henriette maintenait la petite fille entre ses bras (p. 226).

15

carriole que de votre temps, c'est plus le même cheval. Vous vous rappelez Bichette? Elle est morte, il y a trois ans, monsieur André. Elle avait vingt ans... Hein!

On envoya un télégramme à la tante Borne, puis ils montèrent dans un véhicule à deux roues, qui tenait de la charrette et du cabriolet, et qui, à chaque cahot du chemin, semblait vouloir se briser en morceaux. Sur le pont de la Vienne, on alla au pas et ils purent admirer l'abondante et limpide rivière qui s'allongeait toute droite au pied des saules.

Le chemin qui menait à Sainval la côtoyait en amont, puis filait à droite sur une colline assez rude, garnie de vignes. On se trouvait après sur un plateau au large horizon ceint de tous côtés par les bois et où les champs de blés et d'avoines, les carrés de vignes s'entrecoupaient.

Ils traversèrent un village.

— Est-ce que c'est Mondion? dit André.

— Non, c'est Ousseau. On sera à Mondion dans un quart d'heure, et de Mondion à Sainval il n'y a pas un kilomètre, vous savez bien...

C'était un chemin mal entretenu, presque un sentier, qui conduisait de la commune à la propriété de M. Imbert. On l'aperçut à un tournant.

— Voilà la tour, monsieur André.

— Et voilà le châtaigner, dit gravement Henriette en étendant la main.

— Il a plus d'un siècle, reprit le garçon.

André, alors, agita un mouchoir, car il reconnut de loin son père devant la porte de la maison. Trois ou quatre autres personnes étaient avec lui. Bientôt la carriole s'arrêta et André se jeta dans les bras de M. Imbert, qui embrassa ensuite Henriette et l'enfant. Puis ce fut le tour des fermiers d'embrasser tout le monde.

Alors André s'essuya le front, pouvant à peine parler. Ce fut M. Imbert qui, le premier, demanda :

— Eh bien! mes enfants, est-ce que vous avez fait un bon voyage?

Il parut à André assez vieilli, en trois ans à peine. A Paris, sa tournure était encore celle des gens qui n'ont pas atteint tout à fait la soixantaine. La surexcitation des existences même les plus pacifiques, y maintient un instant les hommes d'aplomb à ce moment de la vie. Mais dès que les citadins se réfugient à la campagne, la nature, qui ne permet pas que l'on triche, leur restitue en quelques mois leur âge exact. Puis, au contraire, redevenue clémente, elle ne les détruit que lentement, sans qu'ils le sachent, sans qu'ils le devinent, rongeant l'esprit en même temps que le corps, leur faisant des morts légères et inaperçues. On dirait qu'elle a hâte de voir les êtres vieillir comme elle, et qu'elle les aime surtout quand ils vont périr.

M. Imbert portait un grand chapeau de paille, un veston de coutil blanc et de gros souliers. Il s'était rasé avec soin, ne conservant qu'une forte moustache grisonnante.

— On dînera à sept heures, dehors, dit-il.

Et, appelant Henriette « ma chère fille », il la mena avec le bébé dans leur chambre, située au premier et unique étage de la maison.

André s'approcha du père Boitard. C'était un paysan de petite taille, maigre et très carré d'épaules, cheveux roux coupés en brosse, dont le visage large aux pommettes saillantes était encadré par des favoris taillés presque ras. Il avait le regard aigu, clair et plein de ruse. Mais le bas de la figure, les lèvres et le sourire étaient d'un bon homme. Il suivait de l'œil André avec une observation placide qui se traduisait par des haussements de tête.

— Monsieur André, lui dit-il, je vous aurais trouvé

entre mille. Vous n'avez pas changé. C'est vrai que je vous avais revu en 78, l'année de l'Exposition; vous aviez presque vingt ans.

— Je me le rappelle, Boitard.

— Voulez-vous que je vous dise, monsieur André, reprit le fermier en le considérant attentivement, par où vous avez changé tout de même? C'est votre air qui n'est pas si timide qu'autrefois. Eh! eh! on voit qu'il vous est arrivé des choses... Vous n'êtes plus un gamin.

— Dame! fit André, je suis père de famille.

— Oui, oui, fit Boitard. Et votre femme, ajouta-t-il en plantant son doigt au milieu de son front, c'est une véritable femme... Je me comprends : une véritable femme. Il n'y a qu'à la regarder.

— Vous avez raison, Boitard.

— N'est-ce pas, toi, reprit le père Boitard en se tournant vers la fermière qui s'avançait, une paysanne plus grande que lui, dont le ventre pointait, n'est-ce pas que madame Imbert jeune est une bonne femme?...

— Oui da! et jolie! fit la paysanne. Et la petite fille aussi.

— D'ailleurs, monsieur André... vous m'excuserez, ce n'est pas pour vous dire des choses désagréables; mais je connais votre famille depuis plus de quarante ans... eh bien! dans votre famille...

Et le paysan, avec un geste qui lui était familier, tendit son bras en avant comme s'il faisait sonner des écus dans le creux de sa main.

— Dans votre famille, monsieur André, ça c'est curieux... les messieurs sont bien gentils, mais les femmes sont plus diligentes. Votre mère que j'ai vue toute petite avait plus de pratique que votre papa... C'était pareil pour votre grand'mère.

André maintenant examinait la maison et la comparait avec ses souvenirs. Il se la rappelait à peu près ainsi, sauf la tour qu'il aurait cru plus haute. Une vaste basse-cour séparait les deux corps de bâtiment : les etables et les écuries s'y ouvraient. Elle était encombrée de poules et de pigeons qui picoraient dans le fumier, de canards qui s'agitaient dans la mare. Quant à la tour elle-même, une profonde lézarde la fendait du haut en bas.

— Elle va tomber un de ces jours, dit le père Boitard. On ne peut plus rien y mettre. Ah! c'est que toute la maison aurait bien besoin de réparations... Mais voilà...

Et il fit s ı geste.

— Ça coûterait pas mal. Hé! monsieur André, quand vous aurez fait fortune, ce sera une occasion, car ça ne va pas fort les affaires, ici... Ça ne durera peut-être pas autant que nous.

— Que dit Boitard? demanda M. Imbert en s'approchant et frappant sur l'épaule de son fils. Il se plaint comme à son ordinaire, je gage?

— Hé non! monsieur Imbert, répondit le paysan avec son sourire narquois. Je donne à votre garçon le conseil de faire fortune... Histoire de réparer un brin de bâtisse.

— Bon! bon! nous verrons cela... Voyons, André, et tes affaires à toi, où cela en est-il?

M. Imbert n'avait qu'une idée fort confuse des événements qui s'étaient passés depuis son départ de Paris. André ne lui écrivait que peu de détails; il n'en demandait jamais davantage et il supposait que son fils menait une vie bourgeoise et modeste, sans gros ennuis, sans accidents graves, une vie calme de petit rentier, comme il avait fait lui-même pendant longtemps. André ne lui avait demandé quelque argent qu'à de rares intervalles et il le croyait heureux de la sorte de bonheur qu'il avait connu.

— Ta maison t'a donné un mois de vacances, dis-tu? Vous le passerez ici.

André sourit à ce mot de vacances, que M. Imbert prononçait avec le même ton que si le jeune homme se fût trouvé encore au collège. Ses vacances! Elles étaient aujourd'hui d'un autre genre. Pour goûter quelques jours de quiétude, pour échapper à l'énervement et au dégoût, il était parti, emportant dans sa poche tout ce qu'il possédait, une somme insignifiante, guère plus que ce qu'il fallait pour rentrer à Paris. La vieille tante là-bas se privait pour leur garder quelques sous à leur retour. Et, quand il reviendrait, il serait encore et toujours sans position, sans ressources, sans plan arrêté dans sa vie; il continuerait à errer au hasard, à chercher sa pourriture et celle des siens, comme une bête qui sort le matin de son trou.

Elles étaient bien spéciales, ses vacances! Mais M. Imbert causait déjà d'autre chose.

A ce moment, Henriette, ayant couché la petite Louise, descendit. Elle avait enlevé son chapeau et mis un corsage clair, en forme de blouse, serré à la taille. Elle s'avança vers eux, le sourire aux lèvres, et tendit encore une fois son front à M. Imbert.

Elle éprouvait un bien-être comme si un sang plus frais et plus doux eût coulé en elle, un bien-être fait de choses nouvelles, d'un plaisir qu'elle n'avait jamais connu. La chaleur de la journée était tombée, et le soleil s'inclinait, teinté déjà des couleurs du soir. Un vent très léger glissait sur les feuilles et enveloppait la jeune femme de sa caresse. Tous les bruits du voyage qui bourdonnaient encore à ses oreilles s'éparpillaient dans le silence environnant et il lui sembla qu'elle était là installée depuis des mois.

Tandis que Marie, la fille des Boitard, paysanne ronde et brune, avec des dents blanches, dressait le couvert

Elle avait enlevé son chapeau et mis un corsage clair (p. 234).

devant la porte, elle alla faire un tour dans la ferme n compagnie de la fermière.

André et M. Imbert continuèrent leur conversation en se promenant sur le chemin, et celui-ci donna à son fils des renseignements sur Sainval. La moitié de la propriété, cinq hectares environ, était plantée en vignes qui fournissaient un vin blanc, vif et aigrelet, ayant un peu le goût de pierre à fusil, très facile à vendre cependant. On récoltait aussi quelques barriques de vin rouge. C'était le principal revenu de Sainval. Il y avait encore le produit de la basse-cour, un pré naturel qui descendait jusqu'à un petit ruisseau voisin et qui servait à l'entretien de deux vaches, et approximativement deux hectares de blés, avoines et seigles, dont le rapport était insignifiant.

Toutes les ressources dépendaient donc de la vigne.

— Quand l'année est bonne, dit M. Imbert, ainsi que l'a été la dernière, la moitié des revenus, car tu sais que nous sommes en métayage avec Boitard, donne les intérêts des hypothèques qui pèsent sur Sainval, plus un reliquat de quelques écus. Mais l'année précédente avait été mauvaise, et je redevais aux prêteurs une portion des intérêts.

— Et celle-ci? demanda André.

— Elle s'annonce comme devant être moyenne. Le raisin est assez gonflé; nous irons visiter les vignes demain; nous n'avons été atteints que très faiblement par la gelée, à la fin d'avril, et j'ai lieu de croire que la récolte se fera dans des conditions passables.

M. Imbert, alors, se retourna vers la ferme :

— On vit ici, parbleu! Certainement on peut vivre, mais à condition de n'en pas bouger. Tout le revenu pécuniaire étant absorbé d'avance par les hypothèques, il est impossible d'avoir un peu d'argent devant soi. Mon pauvre André, continua-t-il en baissant machinalement la voix, je

n'ai pas quinze écus dans mes tiroirs... La dernière fois
que je t'ai envoyé quelques sous, j'ai dû les demander à
Boitard, en avance sur le fermage... C'est curieux, mais à
Sainval il n'y a que le fermier qui ait de l'argent. Il en a
mis de côté, patiemment, depuis tant d'années qu'il est ici.
Ces gens-là vivent de rien...

— Il est heureux, tout de même, reprit André, en songeant à sa situation qui serait devenue terrible s'il avait eu
encore son père à sa charge, que nous ayons pu le
conserver, Sainval.

— Oh! fit vivement M. Imbert, il n'y a rien à craindre
de ce côté-là. Nous nous étions arrangés avec ta mère pour
garder toujours la jouissance viagère de la propriété,
malgré les hypothèques, à condition cependant d'en solder
l'intérêt régulièrement.

— Qu'est-ce que vaut donc Sainval, à peu près?

— Impossible de te répondre exactement là-dessus, mon
garçon, aujourd'hui surtout avec la crise qui sévit sur la
propriété foncière. Il y a trente ans, mon père en a refusé
soixante mille francs, mais c'était avant le phylloxera et
Sainval avait d'ailleurs quatre hectares de plus, que j'ai
vendus, cette grande pièce que tu aperçois là. Aujourd'hui,
si pour une raison ou pour une autre je voulais m'en
défaire, je n'en tirerais pas vingt-cinq mille francs comptant
et c'est la somme pour laquelle elle est hypothéquée.

— Alors, dit André, les créanciers ne peuvent exiger la
vente dans aucun cas?

— Pardon, pardon, mon ami... il peuvent faire vendre
Sainval si je suis en retard de plus d'un an pour le
paiement de leurs intérêts. Que la vigne gèle pendant
deux ans de suite, ce qui est déjà arrivé il n'y a pas
longtemps, et je suis à leur merci. Il m'avait fallu cette
fois-là avoir recours à Boitard.

— Il est un bon homme au fond, Boitard, n'est-ce pas ? reprit André.

— Certes oui, je n'ai pas à m'en plaindre, dit M. Imbert, quoique à l'époque où je n'habitais pas ici il y ait un peu fait ce qu'il voulait. Il n'a que le petit défaut de se croire excessivement savant, comme d'ailleurs la plupart des paysans de cette région, sur tout ce qui concerne la terre. Il n'admettra jamais un conseil de personne et il s'est entêté dans un tas de routines qui nous ont fait le plus grand tort. Enfin !

— Quel est donc notre principal créancier sur Sainval, père ?

M. Imbert fronça les sourcils.

— C'est Montenol, notre cousin au troisième degré. Il est en première hypothèque pour les deux tiers de l'immeuble, à lui tout seul. Mais c'est en même temps celui qui s'est toujours montré le plus âpre avec moi dans les questions d'intérêt. Il ne faut pas se le dissimuler, mon garçon, Montenol est notre ennemi. Il n'y aurait rien à espérer de ce côté-là.

— Ah çà, pourquoi est-il notre ennemi, Montenol ? dit André en souriant.

— Je ne me rappelle pas l'origine exacte. Mais j'ai toujours entendu dire chez moi que nous étions brouillés avec les Montenol. Le grand-père de celui-ci avait épousé une Imbert et depuis trois générations nous n'avons avec eux que des rapports d'affaires. Lorsque, il y a longtemps, peu après la mort de mon père, j'ai été forcé d'hypothéquer Sainval qui avait été ma part dans la succession, tandis que ton oncle, pour son métier, avait préféré de l'argent comptant, alors mon notaire m'a proposé Montenol. Le nom m'importait peu. Je t'avoue que toutes ces brouilles de famille m'étaient devenues complètement indifférentes.

J'ai accepté. Eh bien ! je suis sûr aujourd'hui que Montenol ne s'est offert que pour avoir un pied chez nous et pouvoir nous être désagréable à un moment donné. Il nous
déteste, j'en ai eu
d'autres preuves.

— Ah !... Et
qu'est-ce qu'il fait,
ce Montenol ?

— Il est dans
l'industrie, cons-
tructeur d'instru-
ments aratoires,
c crois, aux en-
virons de Tours,
où il habite. D'a-
près ce qu'on m'a
raconté, son
grand-père n'était
qu'un ouvrier et
c'est à la suite
d'une histoire d'a-
mour qu'il aurait
épousé une de nos
parentes. Tout
cela est fort obs-
cur dans ma mé-

moire. Mais c'est de là, je suppose, que doit dater cette espèce de haine qu'il y a entre nous, de leur côté du
moins.

— Est-ce stupide ! murmura André.

— Prodigieusement, reprit M. Imbert. Pour ma part,
je n'ai jamais tenu à me mêler de toutes ces sottises. Par
malheur, Montenol nous a fait le plus grand tort dans une

circonstance assez récente que je te raconterai demain...
On nous appelle pour le dîner.

Henriette venait à leur rencontre avec le père Boitard,
qui lui avait fait visiter la ferme dans tous ses détails,
depuis les greniers jusqu'à la bergerie, où une vingtaine de
moutons, étendus les uns près des autres dans un espace
étroit et étouffé, commençaient à dormir. Elle avait vu
aussi les deux vieux chevaux qui servaient au labourage et
la jument qui les avait amenés de la gare et qui portait
d'habitude les volailles et les légumes qu'on allait vendre
au marché.

— On va manger la soupe. Bonsoir, madame Imbert, à
demain, dit Boitard. Bonsoir à tout le monde.

Et il rentra dans la ferme. Henriette prit le bras de son
beau-père et ils se mirent à table. C'était d'habitude Marie
qui préparait les repas de M. Imbert et le servait, car il ne
dînait pas aux mêmes heures que les fermiers, lesquels
mangeaient bien plus tôt.

Il avait fallu l'arrivée d'André pour changer les heures,
ce jour-là.

— Retournez donc à la ferme, dîner avec vos parents,
si vous voulez, mademoiselle Marie, dit Henriette, je ferai
le ménage aujourd'hui.

— Bah! dit la jeune fille, ils me laisseront bien de la
soupe, peut-être.

Mais, comme Henriette insista, elle s'éloigna après les
avoir salués.

Il y avait à table un potage aux légumes, un poulet rôti
et des haricots.

— Sauf le pain, tout cela vient d'ici, dit M. Imbert. On
m'apporte le pain chaque matin de Mondion. Autrefois
même, on le faisait à Sainval et nous avons encore le four
que tu as pu voir, près de l'écurie. Aujourd'hui, on y a

renoncé presque partout dans le pays et l'on se fournit au village. Il paraît qu'on y trouve avantage, en somme... Que dis-tu de ce vin, André? Et vous, ma chère fille, buvez, n'ayez pas peur. Il ne vous montera pas à la tête.

André dégusta avec lenteur et le déclara excellent.

— Il n'est que de l'an dernier. En voici de quatre ans qui supporte parfaitement la bouteille.

Après le repas, comme avec la nuit un peu de fraîcheur se répandait dans l'air, M. Imbert déclara qu'il fallait rentrer. On transporta la table dans la cuisine où l'on prit un verre d'eau-de-vie de prunes. Cette liqueur provenait également de Sainval. On faisait macérer quelques jours les fruits dans un tonneau coupé par le milieu, puis un « brûleur », sorte d'industriel ambulant, passant de ferme en ferme avec son appareil, venait distiller l'alcool.

— Hé! hé! la cheminée vous étonne, ma chère enfant. Elle est immense, en effet. En hiver, je dîne devant et je n'ouvre pas la salle à manger une fois par mois.

Ils se couchèrent à neuf heures et demie. De grand matin, André sauta à bas de son lit et alla ouvrir les deux fenêtres toutes grandes, car la petite Louise et Henriette étaient réveillées aussi. Le soleil traversa la chambre. M. Imbert était déjà dehors, avec un chapeau de paille et une canne à la main, et il leur envoya le bonjour. Ils s'habillèrent, puis se mirent un instant à la croisée pour voir la campagne. Le ciel d'une clarté encore pâle n'avait pas un nuage et tombait au loin sur une série de petites collines garnies de bois épais. D'un autre côté, l'horizon s'étendait davantage encore. Le pays était tout plat et tout vert. Le charme des premières heures du jour montait de la terre rafraîchie, et Henriette, qui n'avait jamais regardé que les champs grisâtres et couverts de maisons de la banlieue parisienne, s'accouda contre la barre de fer de la fenêtre, pour respirer.

Puis ils descendirent.

— Nous allons ce matin, mon cher André, faire un tour dans les vignes, dit M. Imbert.

— Je ne vous accompagne pas, dit Henriette. Il faut que je m'occupe du bébé, et j'irai retrouver ensuite Mme Boitard à la ferme.

Boitard justement s'avançait, rongeant un gros morceau de pain. Il souhaita le bonjour à toute la société. Pour le moment, les travaux de la culture ne le tenaient pas beaucoup, car il avait décidé de ne faire la moisson qu'à la fin de la semaine, malgré l'opinion de M. Imbert soutenant que le blé était mûr depuis longtemps. Mais Boitard était de cette école de paysans qui prétendent que le blé n'est jamais assez mûr pour être enlevé de la terre, ni les raisins assez gonflés pour être arrachés aux ceps. Ils voudraient les voir, même après l'époque de la maturité, profiter encore de la vie et du soleil, et ils espèrent toujours des récoltes plus abondantes. M. Imbert protestait contre ces idées, citant des livres d'agriculture. Le père Boitard haussait les épaules avec pitié. Il en avait lu, autrefois, par curiosité, des livres d'agriculture. Il avait découvert des erreurs énormes, disait-il, sur les choses de la terre. En ce qui concernait les engrais, par exemple, divers essais avaient été tentés sur des engrais chimiques aux environs de Châtellerault, qui tous avaient échoué. Des propriétaires s'étaient ruinés à ces expériences, M. Morin, M. Dupré, bien d'autres.

— C'est de l'agriculture en chambre, ça, monsieur Imbert. Dès qu'on arrive sur la terre, sur la vraie terre, ça ne se passe plus de la même façon.

Ils avaient ensemble des discussions continuelles sur ces sujets. Boitard dédaignait les habitants des villes, gens qui ne sont bons qu'à se ruiner, qui sont incapables

de conserver leur patrimoine et de faire des économies. Et
il clignait de l'œil du côté de M. Imbert, qui protestait
alors contre l'avarice et la dureté des paysans.

— Et quant à ce qui est du blé, continua Boitard, la
moisson n'est pas encore commencée en Beauce.

— En effet, dit André. Nous en venons.

— La température moyenne de la Beauce, reprit M. Im-

bert, est de deux degrés au-dessous de la nôtre, voilà
pourquoi.

— Des degrés ! ricanait Boitard. Je n'ai pas besoin de
voir des thermomètres ; je n'ai qu'à voir le blé, et il ne
sera mûr qu'à la fin de la semaine, le blé.

— Comme il vous plaira, Boitard, dit M. Imbert aban-
donnant la dispute avec supériorité.

Ils marchaient tous les trois dans les sentiers tracés
entre les pieds des vignes. Puis ils arrivèrent sous un
grand noyer et s'y reposèrent un instant, malgré l'avis du
fermier affirmant que l'ombre des noyers est mauvaise pour
la poitrine. Et il se tint au soleil.

M. Imbert, alors, s'adressa à son fils.

— Je te disais hier, mon garçon, je peux raconter cela
devant Boitard qui a été au courant de tout, qu'en une

circonstance Montenol nous avait fait beaucoup de tort.

Le paysan tendit l'oreille et écouta avec attention.

— Il s'agit de notre cousin Pachery, cousin assez éloigné, il est vrai, mais qui n'avait ni héritier direct, ni même de neveu ou de nièce. Il habitait là, au village, à Mondion, et vivait seul avec une bonne. Nous avions toujours eu avec lui les meilleurs rapports et je ne te cache pas que je caressais depuis longtemps l'espoir qu'il nous laisserait quelque chose en mourant.

— C'est vrai qu'il vous aimait bien, le vieux, et surtout Mme Imbert, votre femme. Ça, c'est vrai, répéta le fermier.

— A combien, pouvait-on évaluer la fortune de Pachery? demanda M. Imbert en se tournant vers lui.

Le père Boitard sembla calculer:

— Ça pouvait monter à trois cent mille, au moins.

— C'est également mon opinion. Eh bien! mon cher André, les parents les plus rapprochés de Pachery, ses héritiers, par conséquent, s'il mourait intestat, étaient M. Loutier, avoué à Angoulême, et précisément Montenol. Pachery les connaissait fort peu l'un et l'autre. A mon arrivée à Sainval, je suis allé le voir; il m'a rendu ma visite. Nous avons causé très amicalement. Je l'ai revu d'autres fois encore. Six mois après, il est tombé malade de la maladie qui devait l'emporter. Il avait quatre-vingt-cinq ans. Je prenais naturellement de ses nouvelles tous les jours. Tout à coup, Montenol, prévenu par je ne sais qui, est accouru, s'est installé chez lui. Alors, j'ai eu beau me présenter, il m'a été impossible de le voir. Pachery ne recevait plus personne. Et il est mort sans faire de testament, ce qui m'a causé une cruelle déception, je le reconnais. Montenol a hérité par moitié avec Loutier, d'Angoulême, qui d'ailleurs n'a pas même assisté aux obsèques.

— Penses-tu, demanda André, que si Montenol n'était

pas venu, M. Pachery nous eût légué quelque chose ?

Le fermier articula nettement :

— Non, il n'aurait rien légué à M. Imbert.

— Allons donc ! fit celui-ci.

— Mais il aurait laissé à M. André.

— A moi? dit le jeune homme étonné.

— C'est pareil, observa M. Imbert.

— Pas pour tout le monde.

— Mais pourquoi? Je ne m'explique pas...

Le père Boitard reprit :

— Nous savions tous dans le pays que M. Pachery d'abord ne voulait pas faire de testament. Il disait que ça lui porterait malheur et qu'il se moquait pas mal de qui hériterait après lui, maintenant que Mme Imbert était morte.

Il avait une grande amitié pour votre maman, monsieur André. Il disait que c'était la plus brave personne de toute la famille et qu'il n'y avait qu'elle qui méritait d'être riche. Je ne répète pas ça pour vous offenser, monsieur Imbert. Sûrement il l'aurait faite sa légataire universelle.

— Tout cela est fort exact. Dans les premiers temps de notre mariage, quand nous venions à Sainval chaque été pendant les vacances du barreau, nous nous fréquentions beaucoup. Il me racontait en riant que ta mère était très jolie et ressemblait à une femme de Châtellerault qu'il avait aimée étant jeune. Il avait déjà près de soixante ans à cette époque.

— Quand Mme Imbert est morte, continua le père Boitard, il a eu beaucoup de chagrin. Il s'informait de vous, monsieur André, de ce que vous faisiez.

— Il y a deux ans, en effet, dit M. Imbert, je lui ai dit que tu allais être avocat et il en était très content.

— Aussi, reprit le père Boitard, on se disait ici : « Hé ! hé ! tout de même, puisqu'il se moque de ses autres parents,

16

il pourrait bien laisser une partie de sa fortune à M. André Imbert! » Et on croit qu'il aurait fini par tester, en se voyant malade, et à vous inscrire sur le papier, monsieur André. C'est M. Montenol qui l'a empêché, ça, pour sûr. Comment qu'il s'y est pris? Je ne m'en doute pas.

— Enfin! tout cela n'a plus grande importance, dit André, souriant de ces potins qui intéressent si fort en général les paysans.

— Voilà pourquoi, mon ami, je ne t'avais pas écrit à ce moment-là, dit M. Imbert.

Le père Boitard regarda son propriétaire avec une certaine ironie.

— Vous avez peut-être eu tort, sauf votre respect, monsieur Imbert?

— Et en quoi, Boitard?

— Parce que, reprit le paysan, en se mettant à parler avec une grande lenteur, si alors vous vous étiez occupé de cette affaire, monsieur Imbert, vous auriez peut-être appris des choses qui vous auraient fait dresser l'oreille.

Et il murmura, se parlant à lui-même, mais de façon que M. Imbert entendît :

— Il y a de l'argent qui n'a pas été perdu pour tout le monde, c'est une consolation.

— Quel argent? Que voulez-vous dire? s'écria M. Imbert en frappant du pied. Encore des cancans?

Le paysan, ayant levé les yeux au ciel, se contentant de siffloter.

— Ce qui m'exaspère dans Boitard, continua M. Imbert en se tournant vers son fils, c'est cet air profond qu'il prend de temps en temps. On dirait, ma parole d'honneur, qu'il sait un tas d'histoires mystérieuses que personne ne connaît! Ainsi, voici une affaire qui s'est passée il y a deux ans, qui est finie, archifinie, malheureusement, et Boitard espère nous intriguer avec des sourires narquois et des réticences! Vous êtes bien tous les mêmes à la campagne!

— Mais je n'ai rien dit, monsieur Imbert, je n'ai rien dit, reprit le fermier en traînant la voix. J'ai pensé dans mon intérieur : « Il y a de l'argent qui n'est pas perdu pour tout le monde. » Ce n'est qu'une pensée, quoi.

— Vous êtes absolument insupportable, Boitard!... Et, permettez-moi de vous dire, d'ailleurs, qu'en admettant même que vous sachiez n'importe quoi et qu'il y ait, en effet, des dessous dans cet événement, vous auriez été coupable, oui, je le répète, très coupable d'attendre deux années avant de m'en faire part.

Le père Boitard répondit avec tranquillité :

—Ça ne vous touchait pas, ça touchait M. André, et M. André n'était pas là.

— Mais il est là, maintenant, M. André. Parlez, voyons!

Le paysan fit quelques pas, alla examiner un pied de vigne, soupesa les grappes, et, sortant un couteau de sa poche, trancha deux ou trois feuilles.

— Sont-ils étonnants! dit M. Imbert, agacé de ce manège,

hein! Tu ne sais pas ce que Boitard voudrait nous faire croire? Des choses fantastiques! Dites-nous tout de suite que Pachery a fait un testament, que ce testament a été volé! Les paysans, mon cher André, se plaisent à imaginer des crimes partout. Il n'y a rien de naturel avec eux... Tout est plein de mystères et d'arrière-pensées... Un testament volé! Comme c'est facile!

M. Imbert haussait les épaules. Boitard revint près de lui.

— M. Pachery, articula-t-il, était un homme trop régulier, s'il avait fait un testament, pour ne pas le déposer chez son notaire. Sûr, le notaire l'aurait su... Ça! il n'y a pas d'erreur.

— Alors...

— Mais, cependant, il ne serait pas impossible qu'il y ait eu un... comment appelez-vous ça, vous les avocats, quand on confie de l'argent à quelqu'un... un fi... fidé...

— Un fidéicommis! exclama M. Imbert. Et un fidéicomis à qui?

— Dame! à qui voulez-vous? A M. Montenol...

André dit :

— Ce n'est guère probable. Boitard, soyons raisonnable...

— Un fidéicommis à Montenol! dit M. Imbert, que la seule prononciation de ce terme juridique avait fait rentrer dans des idées sérieuses... Voyons, réfléchissons... Il y a là une lueur... Mais non, c'est impossible. Pourquoi un fidéicommis plutôt qu'un testament?

— Des gens, parfois, n'aiment pas faire de testament. Ça les embête... Peut-être qu'au moment de mourir Pachery aurait eu un remords de ne rien laisser à M. André Imbert, et alors... heu! Il y a des personnes qui n'étaient pas loin de lui et qui ont entendu des choses...

M. Pachery avait une grosse somme en valeurs chez lui...
On dit trente ou quarante mille...

— On? Qui, on?

— La Rosine ou une autre... La Rosine était servante
à la maison...

M. Imbert, en proie à une perplexité qu'il ne pouvait dissimuler, s'agitait, marchait, faisait des gestes, pendant que
le père Boitard, enchanté, de son effet, le suivait de son
œil rusé.

— Où est-elle donc la Rosine, maintenant?

— A Mondion. Elle est retirée.

— J'irai la voir... évidemment... il faudra aller la voir...
On aurait tort de négliger cette information. Mais ce qui
est stupéfiant, ce qui me fait supposer, mon cher Boitard,
que votre imagination vous emporte trop loin, c'est que
depuis deux ans il ne me soit pas revenu le moindre
bruit de cette histoire... pas la plus petite allusion,
jamais...

— Ce n'est pas surprenant, monsieur Imbert. On n'aime
pas beaucoup se mêler de ce qui ne vous regarde pas, à la
campagne.

— Non, on se gêne! s'écria M. Imbert.

— Quand ça doit vous faire du tort, s'entend!

— Et quel tort, là dedans?

— M. Montenol était propriétaire dans le pays du bien
que lui avait laissé Pachery. Il occupait du monde.

— Tandis que?...

— Tandis que maintenant, il l'a vendu, ce bien-là. C'est
réglé de cet hiver. Il n'est plus rien ici, M. Montenol, et
jamais il ne mettra les pieds chez nous. Alors ça nous est
bien égal. Et puis, il y a des choses qu'on ne vous aurait
pas dites à vous, attendu que c'était M. André que ça intéressait le plus. Voilà M. André... Eh bien! on parle, on

s'explique, ou raconte les affaires. C'est à vous de voir, n'est-ce pas?

— Inouï! inouï! répétait M. Imbert. Absurde et possible à la fois... Tout arrive dans les questions d'héritage. On a tout vu... oui... Remarquez, Boitard, que je ne m'emballe pas outre mesure sur votre idée, mais je vais l'étudier, la creuser, et quoique vous eussiez pu me prévenir plus tôt, je ne vous en remercie pas moins. J'irai ce soir chez la Rosine. Que dis-tu de tout ceci, André?

Le jeune homme était resté très calme parmi toutes ces explications. Cette histoire rétrospective lui semblait dénuée d'intérêt. Quelles conséquences pouvait-elle avoir, même si on arrivait à avoir une certitude morale? Le père Boitard partageait évidemment cette opinion, car il dit, pendant qu'ils retournaient à la ferme :

— Et au fond, monsieur Imbert, j'ai peut-être eu tort de vous raconter. Dame! après? Vous aurez des regrets et voilà tout. L'argent qui est perdu est perdu, allez.

— Mais pardon, Boitard, pardon, s'écria M. Imbert. Il y a certaines ressources dans la loi qui nous permettraient d'agir.

— M. Montenol est bien malin! dit le fermier avec l'inconsciente admiration des paysans pour les canailleries qui rapportent. Et quelles ressources vous prétendez qu'il y a dans la loi? ajouta-t-il, redevenu curieux. Vous ne pouvez pas assigner les gens sans preuve. Ils ne connaissent que les preuves, les juges, les papiers... C'est pas ce qu'on vous dira en l'air dans le pays qui touchera un tribunal, pardi!

Sur le terrain de la loi, M. Imbert reprit immédiatement sa supériorité.

— Vous ne savez pas, mon cher Boitard, dit-il avec indulgence. Vous ne pouvez pas savoir. Apprenez que la loi a tout prévu.

— C'est les avocats qui disent ça, affirma le paysan plein de dédain. Mais quand on voudra me faire accroire qu'on rend de l'argent sans preuves... Oh! là là!

M. Imbert, à son tour, le toisa.

— Que j'acquière seulement la présomption morale qu'il y a eu fidéicommis à Montenol de la part de Pachery, dit-il avec énergie, et Montenol passera quelques mauvais instants, je vous en réponds.

— Et qu'est-ce que vous lui ferez?

— Ah! ah! vous ne vous en doutez pas, hein? Eh bien! je lui déférerai le serment, à votre Montenol. Je l'assignerai d'abord, puis je le traînerai devant le tribunal auquel il ressort, celui de Tours, et là, devant le président et les deux juges, je le contraindrai à prêter serment qu'il n'a rien reçu de Pachery, à son lit de mort, pour remettre à André.

— On peut ça? demanda le paysan impressionné.

M. Imbert triomphait :

— Si on le peut! Je l'ai fait plusieurs fois dans ma carrière d'avocat.

— Et ça a réussi?

— Cela s'est vu, répondit M. Imbert évasivement... Oui, il y a des personnes qui, devant le Christ, dans la solennité de l'audience, en présence des magistrats, ont balbutié et n'ont pas osé jurer... Ah! ah! parfaitement... Savez-vous, Boitard, que dans ces conditions-là, un faux serment est un crime et qu'il y va des peines les plus graves si l'on vient à voir ultérieurement des preuves?...

Le père Boitard avait retrouvé son scepticisme habituel à l'endroit de ce qu'il appelait « la chicane ».

— Je ne dis pas... mais quand on jure, c'est qu'on est sûr qu'il n'y en a pas, de preuves.

— Alors, le fait de vous rendre coupable d'un faux serment vous paraîtrait tout naturel, Boitard?...

Il protesta :

— Oh! monsieur Imbert... Pour ce qui est de moi, jamais! Mais, reprit-il en souriant, je crois qu'en général les gens aimeraient encore mieux ça que de rendre l'argent. Une trentaine de mille francs, c'en est une, de somme!

Et secouant la tête, il conclut :

— Ne vous fabriquez pas d'illusions, M. Imbert. A mon sens, il n'y a pas d'exemple qu'un homme qui n'est pas forcé de rendre trente mille francs rende trente mille, surtout à la campagne. Voilà !

— Nous verrons bien, dit M. Imbert, presque furieux.

Il était l'heure du déjeuner; le père Boitard rentra à la ferme en haussant les épaules doucement. M. Imbert se trouva seul un instant avec son fils et il lui demanda :

— Tu n'es pas stupéfait de cette aventure-là !

— Évidemment, répondit le jeune homme, il y a une vague probabilité que nous ayons été flibustés par ce monsieur. Mais toi, sérieusement, tu supposes que nous aurions une chance quelconque?...

— Hé! je ne dis pas. Quoi qu'il en soit, il faut lutter. Nous allons d'abord nous renseigner autant que possible auprès de la Rosine... Puis, je réfléchirai.

— Heu! si on ne s'occupait plus de tout cela, au contraire?

— Jamais, dit M. Imbert exalté, je ne me résoudrai à être victime de cette escroquerie sans crier!... Oh! je vais agir, me remuer. D'abord, je vais relire mon code. J'en ai heureusement un exemplaire.

— Et si nous intentons un procès, comment ferons-nous pour les frais?

— Dans une circonstance aussi importante pour nous, je n'hésiterai pas à m'adresser à ton oncle. Les frais, d'ailleurs ne sont pas considérables... Sapristi! que j'ai chaud!

Et comme on s'asseyait à table, il avala d'un trait un grand verre de vin blanc.

Durant le repas, il fut très silencieux. Il réfléchissait profondément, lançant de temps à autre, une exclamation qui étonnait Henriette. André lui fit signe que son père était préoccupé. On se leva, M. Imbert, ainsi qu'il avait coutume, alla dormir quelques instants. André en profita pour mettre sa femme au courant. « Mais, lui dit-il, il n'y a même pas à faire attention à ça. C'est une simple histoire de brigands, comme on en imagine dans les campagnes. Je vais accompagner mon père à Mondion, parce que je veux avoir l'air de m'y intéresser. »

M. Imbert se leva. Il avait mal dormi : son front ruisselait. Il venait de consulter le Code dans sa chambre et tenait encore le livre à la main.

— Es-tu prêt, André? dit-il. Il faut aller là-bas.

— Quand tu voudras.

Le père Boitard se joignit à eux.

— Ça vaut mieux que je sois avec vous. La vieille ne parlerait peut-être pas; vous l'intimideriez, cette femme.

— Comme il vous plaira.

Ils se mirent en marche tous les trois. M. Imbert, qui depuis un moment n'avait pas prononcé une parole, s'écria tout à coup :

— Que de points obscurs dans cette affaire! Je suis dans une terrible perplexité. Pourquoi un fidéicommis à Montenol? D'un autre côté, pourquoi pas? La Rosine est incapable d'inventer une chose aussi compliquée... Marchons! marchons! ajouta-t-il en hâtant le pas.

La vieille paysanne habitait, à l'extrémité du village de Mondion, une masure composée d'une seule chambre et d'un grenier. Elle l'avait achetée quelques écus quand elle eut cessé d'être au service de M. Pachery. C'était une grande paysanne maigre, à l'œil immobile, aux gestes lents et prudents. En apercevant Boitard et les deux

messieurs, elle salua, puis se tint toute droite, attendant.

— Rentrons chez toi, la Rosine, dit le père Boitard. Voici M. Imbert et son fils, M. André, qui ont quelque chose à te demander...

Elle fit : Ah! et échangea un regard avec le fermier.

Ils s'assirent sur des chaises à moitié démolies, qui vacillèrent. M. Imbert était gêné pour entamer la conversation. Boitard, alors, commença :

— C'est par rapport à M. Pachery, ton ancien maître. J'ai raconté à MM. Imbert les bruits qui avaient couru autrefois et je leur ai dit que tu n'en étais pas ignorante. Maintenant, on ne te force pas. Tu peux parler ou ne point parler. Il n'y a pas de compromission là dedans. Seulement, moi, la Rosine, tu comprends. M. André était là. J'avais pas le droit de point lui en toucher un mot.

La vieille paysanne demeura un instant silencieuse, sans qu'on pût deviner sa pensée. Elle jetait autour d'elle des regards soupçonneux et froids.

— Vous êtes M. André Imbert? demanda-t-elle au jeune homme de sa voix sèche.

— Puisque je te le dis, la Rosine.

— C'est bien, Boitard, c'est bien... Je dois vous dire
d'abord, M. Imbert, que si c'était quelque affaire de justice,
je saurais rien... Je veux pas être dérangée...

— C'est un simple renseignement, Rosine, dit M. Imbert.

Elle s'arrêta une seconde et poursuivit :

— Pour un simple renseignement, je veux bien vous le
donner. Sur quoi?

— M. Imbert, dit le père Boitard, désirerait savoir si
c'est vrai, ce qu'on a dit dans le pays, que M. Pachery, en
mourant, aurait confié de l'argent à Montenol, qui était là,
pour le remettre à M. André Imbert.

La Rosine se leva :

— Je le crois, monsieur, dit-elle.

— Vous le croyez! vous le croyez! fit vivement celui-ci.
Mais avez-vous surpris un mot? Avez-vous une indication
quelconque? Il ne suffit pas que vous le croyiez!...

Intimidée, la vieille paysanne recula de quelques pas
dans le fond de sa chambre.

— Aie donc pas peur, Rosine! fit Boitard en riant.
M. Imbert est vif, mais il n'est point méchant. Et puis, si
ça tournait bien, il y aurait quelques écus pour toi. N'est-ce
pas, monsieur Imbert?

— Évidemment.

— Dis donc ce que tu sais, la Rosine.

La vieille revint s'asseoir au milieu d'eux, perdant peu à
peu sa méfiance.

— Je sais et je ne sais point. Ah! il s'en passe, messieurs,
des manigances au lit des morts...

Ayant débuté par ces phrases vagues, comme pour se
mettre en train, elle sembla rappeler ses souvenirs et poursuivit :

— J'étais seule dans la maison avec M. Montenol. C'est
moi qui apportais les remèdes à mon maître, et toute la

journée je tournais autour de son lit. J'ai entendu des
mots... A la fin surtout, M. Pachery parlait souvent de
M. André, et une fois, devant moi, il a dit à M. Montenol
« Il est avocat à Paris. »

— Ah! ah! fit M. Imbert en levant le doigt. Mais, au
fait, pourquoi M. Pachery ne voulait-il plus me recevoir?
Le savez-vous?

— Rapport à des histoires que lui avait racontées
M. Montenol.

— N'est-ce pas, Rosine, que votre maître avait des
valeurs chez lui?...

— Oui, monsieur, dans le mur du fond de la chambre.
Y en avait peut-être pour quarante mille francs ou plus
même... Des titres du gouvernement...

— Des rentes sur l'État, vous voulez dire?

— C'est ça... et puis aussi...sur les chemins de fer... des...

— Obligations?

— Oui. Et des billets aussi et de l'or.

— Vous les avez vus?

La paysanne se recueillit.

— Je l'ai vu et je ne l'ai pas vu... Mais quand on est au
service des gens depuis longtemps, on en sait... M. Montenol s'était bien aperçu que j'étais pas une bête, allez! Il
ne m'aimait pas non plus, moi... Et, à la mort de
M. Pachery, lorsque j'ai dit : « Faut-il prévenir M. Imbert,
maintenant, qui est à Sainval?... » il m'en a fait, des yeux!

— Et que vous a-t-il répondu?

— « M. Imbert n'a rien à voir ici, madame Rosine, tâchez
de vous mêler de ce qui vous regarde. » Et, en s'en allant,
après l'enterrement, il ne m'a même pas dit bonjour...
Voilà tout ce que je sais, je ne sais pas autre chose. Le
lendemain, j'ai tout raconté à Boitard qui est là, et nous
avons fait nos réflexions.

— Vous ne l'avez raconté qu'à Boitard ?

— A Boitard, oui... Et aussi à Langevin, le fermier... et à Louis qui tient le café, et à mon ancienne patronne, Mme Ménard... Mais je ne l'ai point dit à d'autres. Tous ont pensé comme Boitard et comme moi : « M. André Imbert aurait mieux fait d'être à Mondion qu'à Paris au moment où M. Pachery est mort... » Louis qui tient le café, il a dit aussi, vous l'avez point oublié, Boitard : « Dans ma famille, il y a un de mes oncles qui a comme ça gardé cinq mille francs qu'il devait me remettre. »

— C'est vrai, dit Boitard.

M. Imbert s'était levé et se promenait avec agitation dans l'étroite pièce aux solives noires, pendant qu'André, qui commençait à douter, regardait alternativement Boitard et la Rosine.

— Merci, Rosine, dit M. Imbert, je me souviendrai de vous. Vous pouvez être tranquille, ajouta-t-il à un geste de la paysanne, votre nom ne sera pas prononcé.

— Parce que, pour les juges, répéta-t-elle, je sais rien... C'est des ragots...

— Rassurez-vous. D'ailleurs, rien de ce que vous m'avez dit ne constitue seulement, en l'espèce, une apparence de preuve. Mais j'en tirerai parti. Au revoir, Rosine.

Dès qu'il se retrouvèrent sur le chemin de Sainval, M. Imbert prit de nouveau la parole, ne s'interrompant que lorsqu'il croisait quelque paysan :

— Il y a un fait grave dans la sorte de déposition que vient de faire devant nous la Rosine. Notre cousin Pachery parlait d'André à son lit de mort ; d'autre part il ressentait de l'intérêt pour toi et il avait des valeurs sous la main. Évidemment nous ne pouvons en inférer avec certitude que Pachery a fait un fidéicommis à Montenol te concernant. Mais cela est excessivement possible. Pour moi, cela est devenu probable. Mon père, d'ailleurs, m'a raconté des faits qui établissent la violence de la haine que les Montenol nous ont toujours portée ; quoique j'ignore l'origine de ce sentiment, il n'est pas discutable, et Montenol, dont, au fond, je ne connais pas la moralité, n'aura pas résisté à la joie de nous causer un tort énorme... Trente ou quarante mille francs dans la situation actuelle, ajouta-t-il en faisant déjà des plans, ce serait le rétablissement complet de nos affaires... Ce serait... Allons! allons! l'hésitation n'est plus permise, il faut agir.

— Tu es décidé? dit André.

— Tout à fait... Et je vais déférer le serment à ce monsieur, ou plutôt toi... Naturellement, toi... Mais ne t'inquiète de rien, je ferai toutes les démarches et j'établirai moi-même la procédure.

— Alors, comme ça, demanda Boitard, vous allez le forcer à jurer, Montenol?

M. Imbert ralentit le pas et, s'adressant au fermier :

— Nous avons deux sortes de serments, mon cher Boitard. Le serment supplétoire et le serment décisoire. Le premier s'emploie quand il y a déjà un certain nombre de preuves, des témoignages importants, des papiers, des apparences... que les juges peuvent être embarrassés. Le serment supplétoire, comme son nom l'indique, supplée aux preuves absolues, sert d'indication au tribunal.

— Et l'autre? dit Boitard.

— L'autre est le décisoire. Là, le résultat du procès dépend intégralement du serment. Si la partie jure, le procès est perdu sans appel pour le demandeur... Décisoire, décisif... Les juges n'ont pas à raisonner : ils s'en rapportent au serment purement et simplement. C'est notre cas.

— Décisoire! reprit le père Boitard en pesant les syllabes... Heu!

— Tu te rappelles bien tous ces détails, André? dit
M. Imbert avec importance.

— Assez vaguement, répondit le jeune homme.

— Hé! hé! mon cher Boitard, ajouta M. Imbert, satisfait de la leçon de droit
qu'il venait de faire, vous
voyez que nous ne man-
quons pas de moyens pour
embêter Montenol.

— Vous l'embêterez, oh!
je ne dis pas non, mon-
sieur Imbert. Mais, pour
l'argent... Tout ça, c'est
des mots, dit-il en secouant
la tête... supplétoire, décisoire...

Et il murmura : « Oh!
là! là! »

— C'est avec des mots,
prononça gravement M. Im-
bert, qu'on envoie les gens
aux galères...

Il fut saisi, à la suite de
cette scène, du premier
accès d'activité de sa vie.
Lui qui, même au temps où

il exerçait, était d'une indolence extrême et qui, retiré maintenant, ne quittait jamais Sainval, décida qu'il irait à Tours
le surlendemain pour prendre adroitement des informations sur Montenol, avant d'entamer la procédure. Dès le
surlendemain matin, il se rendit en carriole au chef-lieu de
canton, chez le notaire, afin d'obtenir quelques éclaircissements relatifs à la succession Pachery. André l'accom-

pagna. Il se garda de faire part de ses soupçons à Mᵉ Barbelin, affirmant qu'il agissait pour des raisons de famille. D'après ce que dit le notaire, tout avait été très régulier. Aucune contestation ne s'était élevée ni n'aurait pu s'élever. Les héritiers au même degré, Montenol de Tours, et Loutier, d'Angoulême, avaient partagé les biens Pachery, propriétés foncières et valeurs dont lui, Mᵉ Barbelin, avait la liste.

— Ah ! fit M. Imbert, mon cousin Pachery était fort riche... On a dû trouver de l'argent chez lui, n'est-ce pas ? Je vous demande cela par simple curiosité.

— En effet, cinq ou six mille francs en obligations de chemins de fer et rentes sur l'État, dont il ne m'avait jamais parlé. D'ailleurs, on a apposé les scellés immédiatement. On a découvert également huit cents francs environ, autant qu'il m'en souvient, en écus et louis d'or. Tout, bien entendu, ajouta le notaire en souriant, a été versé à la succession.

— Merci, cher monsieur Barbelin, de ces petits renseignements sans importance que je m'étais promis de vous demander un jour que je passerais par ici.

Le notaire le reconduisit jusqu'à la carriole, promettant d'aller, à l'occasion, lui serrer la main, à Sainval.

— Tu comprends, mon ami, dit M. Imbert à son fils dans la carriole, que du moment où le notaire lui-même ignorait cinq mille francs cachés chez Pachery, il pouvait aussi bien en ignorer trente mille... Rien n'est plus fréquent que ces cachotteries-là chez les bourgeois riches de la campagne, toujours un peu avares et mystérieux. Je suis de plus en plus raffermi dans ma résolution. Je dresserai mon plan en revenant de Tours.

— Y vais-je avec toi ? dit André.

— Non inutile, ta présence me gênerait. Je n'y resterai

qu'un jour ou deux et je coucherai à un hôtel où je suis
déjà descendu.

Il partit par le premier train, à huit heures et demie ;
André le conduisit à la gare de Dangé. Quand son père
eut disparu, il fit un instant reposer le cheval, puis revint
lentement, laissant l'animal le traîner à sa fantaisie.
C'était une de ces matinées d'août, où l'on dirait que la
chaleur toute-puissante vous fond dans la nature, vous
mêle aux bêtes, à la terre, aux arbres, dans un immense
embrasement. Le pont de la Vienne franchi, André se
trouva seul sur la route et alors tint à peine les guides
entre les doigts. Le cheval à chaque minute s'arrêtait pour
lancer des coups de pied à droite et à gauche, chassant les
mouches, soufflant, repartant parfois d'un trot fatigué qui
s'arrêtait brusquement.

Et André, comme si ses membres étaient devenus trop
pesants, s'abandonna aux cahots de la voiture, donnant
simplement un coup de bride chaque fois qu'au détour de
la route on se rapprochait des fossés ou des tas de pierres.
Ses yeux se fermaient sous l'éclat du soleil. Même, en
montant une côte, il s'endormit pendant quelques secondes.
Son chapeau tomba ; il se réveilla et arrêta Bichette pour
le ramasser. Il voulut, profitant de la solitude, songer à ses
affaires. Mais, ainsi que son corps, son cerveau était
alourdi et lâche. Il semble qu'à de certaines heures notre
volonté soit absente de nous ; nous la sentons s'éloigner et
disparaître. Alors, de même que nos membres pendant
l'inconscience du sommeil, notre esprit prend des postures
imprévues et anormales. Les visions s'y succèdent sans
ordre et sans logique ; les images se croisent et se com-
binent en mille dessins bizarres où la raison n'a plus de place,
et nous sommes dans un état indécis qui n'est ni la vie
avec son ardeur et sa violence, ni le rêve avec son mystère.

André entendit le bruit subit d'un sifflet de locomotive, qui parut faire frémir autour de lui l'air immobile et brûlant. Et aussitôt la force de la pensée l'emporta au loin. Il revit tout à coup, brouillés et mélangés, à côté les uns des autres et comme sur un même plan, Linières, la tante Borne, la plage d'Ostende avec le roi des Belges, l'étroit logement de Paris dans la maison grouillante et pauvre, l'oncle Augustin toujours droit et en parade. Tous ces êtres et toutes ces choses n'étaient qu'une masse confuse située dans un autre monde que lui.

Mais soudain, la figure étonnée et ronde de la tante Borne se détachait du groupe et s'avançait : la vieille dame venait s'asseoir sur la banquette de la carriole, et André sourit machinalement en regardant à sa gauche. Ils arrivaient en haut du plateau ; elle s'extasiait sur la campagne et bientôt elle était entre les bras d'Henriette qu'elle embrassait en pleurant. Et ils restaient ainsi désormais, tous les trois, à vivre dans le calme et l'oisiveté. Ce qui leur était arrivé jusqu'alors n'était plus qu'un songe fatigant dont l'influence, peu à peu, se dissipe.

André se trouvait à Ousseau, le village qui précède Mondion. Le garde champêtre le salua et ses imaginations le quittèrent. Alors, il pensa à Montenol et aux chances qu'il y avait que l'histoire de Boitard fût exacte. Il essaya de se représenter ce qu'il ferait, si jamais il touchait trente mille francs, par un hasard tout à fait prodigieux. « Je suis surtout stupide, se dit-il, de m'inquiéter une seconde de cela. » Trente mille francs ! Il serait obligé d'en donner une partie à son père ; ensuite il libérerait la pension viagère de la tante Borne, maladroitement compromise. Puis, débarrassé de ses principaux soucis, il se mettrait à chercher un travail intéressant dont pourtant il n'avait pas encore l'idée bien précise. Ce serait plutôt vers les questions indus-

Henriette tenait le bébé par la main (p. 264).

trielles qu'il se dirigerait, décidément. A cette dernière
réflexion, il s'arrêta net, de lui-même, comme s'il eût serré
un frein intérieur. « Oui, mais je n'aurai ni ces trente mille
francs ni peut-être jamais d'autres. Qu'est-ce que diable
je vais faire quand il faudra rentrer à Paris? Enfin, j'ai un
mois! » Il pressa le cheval, qui, étant proche de l'écurie,
consentit à trotter et André fut tellement secoué qu'il se
mit à rire tout seul bruyamment. Le châtaignier de Sainval
se dressa au tournant du chemin. Henriette tenait le bébé
par la main et lui apprenait à marcher sur une bande de
gazon clairsemé et gris qui s'étendait devant la porte de la
ferme. Le père Boitard et son fils rentraient des champs
pour déjeuner.

— Monsieur Imbert est bien parti? demanda le paysan
avec son air narquois. On verra le résultat demain.... Faut
attendre.

Un télégramme apporté de Mondion prévint du retour de
M. Imbert pour le lendemain soir.

Il sauta légèrement à bas du train.

— Eh bien? dit André qui l'attendait sur le quai de la
gare.

— Voici, reprit M. Imbert en le prenant par le bras...
Mais, hâtons-nous de rentrer, je te conterai cela en route...
C'est assez significatif.

Ils s'installèrent dans la carriole, et M. Imbert poursuivit :

— J'ai fait ma petite enquête. Montenol habite toute l'année Méray-sur-Loire, à trois lieues et demie de Tours, et
non pas Tours en hiver et Méray-sur-Loire en été, comme
je le supposais. Il a vendu sa maison de ville et dirige lui-
même la fabrique de Méray. Il possède aussi dans le pays
une assez belle propriété, mais surtout une propriété d'a-
grément. Elle ne rapporte pas grand'chose. Tous ses revenus consistent dans le rapport de la fabrique que son

grand-père avait installée et où son père a toujours vécu.
Mais voici qui est excessivement curieux. Il y a quatre ans,
Montenol était au plus mal dans ses affaires. A ce moment,
il a sévi en Touraine une véritable crise agricole, et comme
Montenol est producteur d'instruments agricoles justement,
il a traversé une période très dure. Il a même cherché un
commanditaire; je le tiens d'un avoué que je connais à
Tours et qui a fait des démarches dans ce but. Ce commanditaire n'a pas été trouvé. On a licencié la moitié des
ouvriers : le bruit d'une liquidation a couru... parfaitement... Un an après, Montenol était très bas... C'est vers
cette époque que je suis arrivé à Sainval et que Pachery
est mort. J'ai la conviction absolue que, sans cet héritage
inattendu, la ruine de Montenol n'était qu'une question de
jours. Cela m'explique sa précipitation à accourir, son
installation au chevet du mourant. Je le croyais plutôt
riche. Aujourd'hui, cependant, ses affaires sont rétablies et
prospèrent. Eh bien! dans ces conditions-là, mon cher ami,
Montenol avait, outre sa haine pour nous, des raisons bien
autrement positives de s'approprier une somme de trente
ou quarante mille francs, sans risque aucun.

— Quel homme est-ce que ce Montenol? demanda André.

— Comme moralité? On n'a rien à lui reprocher, c'est
clair. Mais il est d'un tempérament plutôt sombre et irritable... très renfermé... Il vit avec un domestique et une
bonne... Il n'a jamais voulu se marier. Assez raide avec ses
ouvriers, peu aimé dans le pays, brusque. Tout cela évidemment ne prouve pas qu'il soit capable d'une infamie.

— Et au physique?

— Je l'ai aperçu à peine à la mort de Pachery. Aupara-
vant, je ne l'avais qu'entrevu chez notre avoué... Très
rouge de visage, il me semble, des favoris gris, un nez
pointu, pommettes saillantes... pas très grand... Il n'a pas

encore la soixantaine... Enfin, tu m'avoueras qu'il y a là, en tout cas, une coïncidence bizarre qui me suffit amplement, à moi, pour me lancer dans la procédure le plus rapidement possible.

— Alors...?

— Alors, voici la marche que je suivrai : D'abord, je vais lui écrire directement. Il faudra que nous rédigions la lettre ensemble, elle est fort délicate. Puis, nous attendrons sa réponse, et suivant ce qu'elle

sera nous agirons. On mit, en arrivant à Sainval, le père Boitard au courant de tous les détails, avec expresse recommandation de ne rien ébruiter. M. Imbert passa la matinée du lendemain à rédiger des brouillons qu'il soumettait successivement à André. D'habitude il n'aimait pas écrire et se montrait très négligent pour envoyer le moindre billet. Mais, cette fois-ci, la plume au contraire courait sous ses doigts. Il remplissait des feuilles entières de papier, faisant des phrases d'une prolixité extraordinaire. Le premier brouillon contenait cinq pages. Il manquait de clarté, on le déchira. Le second lui parut maladroit et plein, d'ailleurs, de récriminations oiseuses. On traitait une affaire, il fallait un langage à la fois ferme, concis et sec. Qui sait si une lettre un peu vague, au contraire, ménageant la susceptibilité de Montenol, évitant les gros mots, lui laissant une ouverture pour s'exécuter sans honte, ne serait pas préférable? Les brouillons, cependant, s'entassaient sur la table. M. Imbert écrivait fébrilement. André ne parvenait à lui donner aucune idée. Boitard, appelé en consultation, tenait son menton entre ses doigts et faisait des « heu! » des « oh! » qui ne pouvait pas servir d'indications.

— Faut-il être brutal? Faut-il être insinuant? demandait M. Imbert.

— Pourquoi brutal? reprit André.

— Cette lettre va tomber chez lui comme un coup de foudre, après deux ans de tranquillité s'il a vraiment commis ce dol à notre égard... D'autre part, il a peut-être des remords et, dans ce cas, une réclamation indirecte...

Enfin, M. Imbert s'arrêta à la version suivante :

« Monsieur,

» Vous ne serez vraisemblablement pas surpris si je viens vous prier de vouloir bien me donner certains éclaircissements relatifs à la succession de mon cousin Pachery, de Mondion. Mon fils, M. André Imbert, se trouve actuellement ici, et nous avons lieu de croire, d'après nombre de détails que nous avons recueillis sur les lieux, que les choses ne se sont pas effectuées d'une façon régulière.

» Vous devez être mieux que personne au courant de ces événements, étant le seul qui ait assisté notre cousin jusqu'à sa mort.

» Je crois donc qu'il serait préférable à tous les points de vue de régler entre nous cette affaire délicate, par un arrangement rapide et amiable. Nous pourrions alors terminer par l'intermédiaire d'un avoué qui n'aurait même pas besoin de connaître l'origine de l'affaire.

» Je ne vous dissimule pas, monsieur, que l'ayant d'ail-

!ours étudiée à fond, j'attends de vous, dans le plus bref
délai, une réponse péremptoire.

» Et je vous prie d'agréer mes civilités empressées...

» EMILE IMBERT. »

— Toutes réflexions faites, cela vaut mieux qu'une
lettre brutale et indignée, reprit M. Imbert. C'est suffisamment clair pour qu'il comprenne et suffisamment entor-
tillé pour que ça n'ait pas l'air d'une accusation de vol, qui
le porterait peut-être à une résistance à outrance. Qu'en
dites-vous, Boitard ?

M. Imbert la lut de nouveau au fermier qui écoutait en
répétant les mots après lui. Le père Boitard n'avait plus
aux lèvres son sourire ironique, car il voyait l'affaire
entrer dans la période d'exécution et il murmura:

— Tout de même, ce papier, c'est malin aussi, je
l'avoue, monsieur Imbert... Heu ! je ne serais point étonné
qu'on en tirât quelques bribes, à présent, de ce Montenol.
Il est riche, et il ne voudra peut-être pas avoir d'ennuis,
de chicanes ..

— Je transigerais pour vingt mille francs, dit M. Imbert, que l'approbation si rare de son fermier fit sortir de
la réalité.

Le facteur, à onze heures, emporta la lettre. On pouvait
avoir la réponse dans deux jours, mais M. Imbert déclara
qu'il en attendrait trois à cause des fréquents retards des
courriers de campagne. Ces trois jours révolus on irait
chez l'avoué faire les premiers actes de procédure.

La réponse arriva le surlendemain, courrier par courrier, comme le père Boitard avec son fils et un garçon de
ferme revenaient de la moisson, commencée le jour même.
En apercevant le facteur, Boitard s'était hâté. M. Imbert
lui fit un signe, ainsi qu'à André, et, allant se placer sous

le grand châtaignier de Sainval, décacheta fébrilement
l'enveloppe.

La signature était bien celle de Montenol, Pierre Montenol. Il se mit péniblement à déchiffrer, car l'écriture
était en caractères pointus et irréguliers qui montaient
et descendaient. Enfin, il lut, tandis que Boitard, la faux
à l'épaule, et André penchaient l'oreille :

« Monsieur,

» La succession Pachery ne prête et ne peut prêter à
aucune contestation. Je ne comprends pas les insinua-
tions contenues dans votre pli, et je suppose qu'il y a
confusion de votre part.

» Agréez mes civilités empressées.

» PIERRE MONTENOL. »

— Il n'y a plus maintenant le moindre doute dans mon
esprit! s'écria M. Imbert en frappant le papier du revers
de la main. Comment! voilà un homme à qui je montre
dans une lettre, polie, je le veux bien, mais cependant
sans la moindre équivoque possible, que je le soupçonne
d'un vol, d'un vol des plus honteux et des plus graves, et il
me répond par trois lignes, tranquillement, sans insister,
sans exiger que je précise ! par trois lignes vagues!... Allons! allons! c'est bien la réponse d'un homme qui entend
se mettre à l'abri derrière le fait accompli et qui croit n'avoir
rien à craindre de la loi...

André relisait, ne trouvant pas d'opinion à formuler.
M. Imbert s'adressa à Boitard.

— Voyons, vous, Boitard, mettez-vous un instant à la
place de Montenol, admettez que vous receviez une lettre

comme celle que j'ai envoyée. Qu'auriez-vous fait ?

Le fermier posa sa faux à terre, s'appuya sur le manche et se recueillit une seconde.

— J'aurais point répondu, prononça-t-il.

— Parbleu ! reprit M. Imbert. On pouvait encore répondre par une lettre violente... Moi ! savez-vous ce que j'aurais répondu ? Moi ?... tenez... j'aurais répondu : « Monsieur, je méprise les calomnies dont je peux être l'objet... Veuillez, dorénavant, vous dispenser de m'écrire et faites ce qu'il vous plaira... » ou : « Monsieur, de quel droit vous permettez-vous de m'écrire de pareilles choses ?... » ou rien du tout... Mais, ça... oh ! oh ! monsieur Montenol, halte-là !

Dès lors, M. Imbert le considéra comme son ennemi personnel. Il lui semblait que Montenol habitait là au village près de Sainval, qu'il était exposé à le rencontrer chaque jour sur le chemin et, machinalement, il serrait dans sa poigne un gros bâton sur lequel d'habitude il s'appuyait. Quand il regardait sa maison, qui menaçait ruine, la vieille tour lézardée et trouée par endroits, il se disait avec colère qu'une partie de tout cela était presque la propriété de Montenol, puisque celui-ci avait une hypothèque considérable sur Sainval. Chaque année, il lui versait des centaines de francs, en janvier, lorsqu'on avait vendu le vin. Il envoyait l'argent chez le notaire et il restait, lui, sans le sou. Et ce Montenol avait, depuis deux ans, trente mille francs, peut-être davantage, qui lui appartenaient, qui appartenaient à son fils ; trente mille francs, c'est-à-dire de quoi libérer Sainval et mettre ainsi la famille entière à l'abri en cas d'accident.

Ces pensées lui faisaient monter le sang au visage. Pendant des heures entières, il fouillait le Code, prenait des notes et rédigeait un mémoire pour l'avoué de Tours

à qui il allait confier l'affaire. C'était M. Lunet : il avait
déjà eu des rapports avec son étude.

Et, parfois, M. Imbert ricanait de joie, tout seul, lorsqu'il se représentait Montenol recevant tout à coup, dans
sa villa, des liasses de papier timbré. Car il y en aurait
des avalanches. La procédure était compliquée, elle comprenait plusieurs phases, des sommations, des assigna-
tions. Il fallait rappeler des actes datant déjà de deux générations. Et quel effet cela allait produire là-bas, dans le
pays de Montenol, parmi ses ouvriers et ses connaissances!
Un homme à qui l'on défère le serment pour abus de
fidéicommis est coupable déjà dans l'opinion publique...
Qui sait même si Montenol laisserait la procédure en arriver là? S'il ne reculerait pas devant le scandale?

Il était donc important de déployer la plus grande dili-
gence. Ayant terminé son mémoire, M. Imbert partit pour
Tours avec son fils. Il aurait pu s'adresser à un avoué de
Châtellerault qui eût choisi un collègue dans le ressort de
Montenol : il préféra porter lui-même la guerre chez
l'ennemi, sur ses propres terres. D'ailleurs il gagnait ainsi
du temps. Il fit coup sur coup deux voyages à Tours.
Après le second la procédure était dressée sur Montenol
comme une batterie; il ne restait plus qu'à tirer. Le premier acte était une sommation de restituer dans deux
jours francs toutes les sommes confiées à Montenol par
Pachery pour être remises à André Imbert.

— Remarquez, dit M. Imbert à l'avoué en consultant
son mémoire, que nous ne sommes pas en présence du
fidéicommis ordinaire qui a pour but de tourner la loi par
un legs simulé, mais destiné, en réalité, à avantager une
personne à qui la loi défend de recevoir. Notre cas est
beaucoup plus simple et, selon nos appréciations, il s'agi-
rait d'un dépôt fait par notre cousin, à son lit de mort, entre les

mains de Montenol, soit que le mourant n'ait pas eu le temps de tester, soit qu'il ne l'ait pas voulu, soit pour toutes autres raisons qui ne nous regardent pas et que Montenol connaît.

— Vous supposez même, reprit l'avoué, que la somme ainsi confiée à Montenol ne faisait pas partie de l'inventaire de la succession dressé par le notaire ?

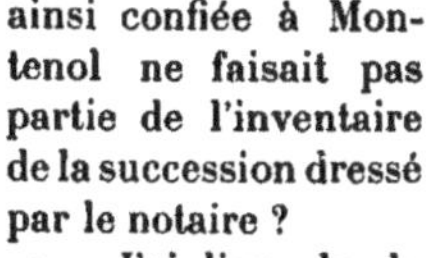

— J'ai lieu de le croire, dit M. Imbert. Le notaire ignorait également une somme de quelques mille francs trouvée dans le fond d'une armoire.

Maître Lunel, l'avoué, se recueillit un instant.

— Si Montenol, dit-il, n'était pas un des notables industriels de la région, nous pourrions essayer de faire agir le parquet ; mais il ne faut pas y songer. Nous n'avons d'autre marche à suivre, en effet, que de lui déférer le serment. Au cas où il refuserait de se rendre au tribunal, — le cas est assez fréquent et je l'ai encore vu l'hiver derniér, — nous aurions un petit commencement de preuve et nous demanderions une enquête, qui n'en finirait plus et qui, à la longue, aboutirait peut-être à un arrangement. Mais, au contraire, s'il prête serment, vous savez que vous n'avez plus aucun recours contre lui ? Le serment devient un acte authentique.

— N'importe, dit M. Imbert. Agissons.

Quelques jours après, il apprit que l'adversaire, de son côté, venait de constituer avoué et la procédure suivit sa marche silencieuse et souterraine. Montenol ne faisant aucune opposition et acceptant le déféré, il fallait environ trois mois pour arriver à l'audience. M. Imbert calcula qu'on serait prêt pour la première quinzaine de novembre, au plus tard, avant même, si les avoués d'un commun accord se hâtaient.

Il frémissait d'impatience. Montenol avait cessé d'être pour lui un être aux traits un peu vagues, aperçus trois ou quatre fois et toujours fugitivement. La figure de son ennemi se précisait maintenant devant ses yeux : il lui semblait qu'il l'avait vu la veille et il apercevait en baissant les paupières un teint rouge d'homme violent et irritable, des épaules vigoureuses, des gestes brusques. Il le décrivait en détail à André.

— Un tantinet plus grand que moi, le front très bas, des mains velues et larges, et des touffes de poils dans les oreilles.

Toutes ces particularités lui revenaient à l'esprit et il se rappelait aussi le costume exact de Montenol aux obsèques du cousin Pachery, sa redingote noire et son chapeau melon, car il n'avait pas emporté de chapeau haute forme.

— Aucune distinction dans la tournure...

Et il ajouta, d'un ton sans réplique :

— C'est en somme, un très grossier personnage.

Puis, du physique, il passa au moral, et comme s'il eût parlé d'un homme qu'il fréquentait continuellement, il affirma qu'il était détesté de ses ouvriers, plein de morgue, injuste et brutal.

— Il n'a que des ennemis dans le pays.

Et la physionomie de Montenol fut définitivement arrêtée chez M. Imbert. Celui-ci savait désormais à quelle espèce d'individu il avait affaire. Il n'allait plus à l'aventure.

— Montenol a dû se mettre dans une colère terrible en recevant notre sommation, dit M. Imbert. Ah! ah! les pauvres ouvriers vont passer quelques mauvais jours.

Il en occupait, d'après le dire de l'avoué, un assez grand nombre, soixante-dix au moins, sinon davantage, car il ne fabriquait pas que des instruments de jardin, mais aussi des machines agricoles, dont plusieurs modèles avaient obtenu des médailles à des concours régionaux.

— Au fait, dit encore M. Imbert à son fils, il faut que j'écrive à Augustin. D'abord, je veux le prier de m'avancer quelques centaines de francs; ensuite, je ne serais pas fâché de savoir s'il le connaît, ce Montenol!

L'oncle Augustin envoya immédiatement à son frère la petite somme qu'il lui réclamait. Mais, en ce qui le concernait, il n'approuvait pas le procès qui ne présentait aucune chance de réussite. Cependant, en rappelant ses souvenirs sur Montenol, ce que lui en avait dit leur père et en s'appuyant surtout sur les traditions de famille, il concluait qu'il était absolument capable d'avoir abusé d'un fidéicommis. « D'ailleurs, ajoutait Augustin Imbert la moralité décroît quotidiennement dans les campagnes : j'ai été témoin dans ces régions-là des actes les plus honteux et les plus malhonnêtes commis par des hommes ayant une certaine situation sociale, et toutes les infamies se produisent dès qu'il y a des questions d'argent en jeu. Qui sait s'il ne vaudrait pas mieux se résigner à être volé? Se contenter de mépriser tous ces misérables? Enfin, mon cher Émile, je conçois ton indignation, mais je te le répète, tu vas te donner beaucoup de tracas et dépenser de l'argent pour n'obtenir aucun résultat pratique. »

Henriette vint à sa rencontre (p. 277).

— Ton oncle, dit M. Imbert, se laisse emporter par sa mauvaise opinion des hommes et un pessimisme qui lui est habituel. Attendons l'audience. A propos, mon cher André, tu seras obligé de demander un nouveau congé pour t'y présenter.

— Un congé ?

— A ta maison... Oh ! deux jours suffiront. Mais il est indispensable que tu y sois en personne pour être confronté avec Montenol.

André murmura : « Oui, oui, tout cela sera facile ! » Ces mots de son père venaient d'entrer en lui et d'y remuer avec rudesse les ennuis, les dégoûts, les fatigues que ces quelques jours de vie naturelle au milieu des champs avaient endormis. Et il songea à l'hiver qu'ils allaient passer là-bas, sous les toits. Alors, il regarda autour de lui. Une lourde après-midi d'août finissait ; le soleil s'inclinait au loin derrière les collines couronnées de bois, et çà et là dans la campagne on voyait des paysans revenir, leurs outils à l'épaule. Au bas de la prairie, sur le bord du ruisseau, Henriette était assise avec l'enfant à côté de la fille de Boitard qui lavait du linge. André, lentement, s'acheminait vers elles. Il lui restait deux semaines, peut-être trois à vivre ainsi. Puis la carriole les conduirait au train et ils rouleraient sur Paris entre les quatre planches jaunes d'un wagon. Là, de nouveaux tourments toujours pareils et toujours inattendus le guettaient : il lui sembla que tout d'un coup, comme par l'ordre de quelque méchant démon, il allait être enfoui, après ces journées de lumière, dans un souterrain noir et fétide.

Et ces miches épaisses de pain qui traînaient sur les tables, ces bols de lait qu'ils buvaient chaque matin, toutes ces choses si simples, il ne les obtenait à Paris que dans l'angoisse et l'inquiétude, par les plus durs efforts,

les plus incertains. Ce n'est pas le travail en soi-même qui
l'épouvantait, mais le travail sans but et hasardeux auquel
il était réduit. Il eût mieux aimé remuer, comme Boitard,
la terre avec ses bras pour en tirer le pain, les légumes et
les fruits, et il envia le fermier en l'apercevant, la sueur
au front, la chemise entr'ouverte sur sa poitrine couleur
de brique, qui poussait la porte de la ferme, ayant fini sa
journée.

André marcha sur le pré fauché ras où les vaches pais-
saient encore. Henriette vint à sa rencontre et lui tendit la
petite Louise dont le visage avait pâli, car on commençait
à la sevrer.

— Elle n'est pas malade au moins, cette enfant? dit-il.

— Oh! non : c'est seulement le changement de... nourriture, reprit Henriette en riant.

Elle prit le bras de son mari et ils remontèrent :

— Ma pauvre chérie, dit André en baissant la voix
malgré lui, tu sais qu'il va nous falloir partir bientôt?

Henriette soupira légèrement :

— Hé! oui! mon ami, que veux-tu y faire?

— Si, continua André après avoir réfléchi un instant, on
demandait à mon père de nous garder jusqu'à la fin du
procès? Ça nous mènerait au milieu du mois de novembre
et nous aurions moins de regrets de quitter la campagne
par le mauvais temps...

— Ce serait parfait; mais... la tante? ajouta Henriette
timidement. Tu sais que nous lui avons laissé de l'argent
pour un mois à peu près, pas davantage.

— C'est vrai, mais je trouverai une combinaison pour
lui envoyer d'ici, par mon père ou par Boitard. Enfin,
écris-lui... Nous verrons d'après ce qu'elle nous répondra...
Mais, à tout hasard, je vais causer de la chose à mon
père... Je lui raconterai une histoire quelconque sur la

fameuse « maison » où je suis employé, ou plutôt j'ai
envie de lui dire la vérité tout bonnement. Pas de place,
aucun espoir d'en avoir une avant l'hiver... nous sommes
dans la morte-saison... Et puis, n'est-ce pas? ce n'est que
deux mois de perdus, et pour ce que je fais à Paris!

— Ma foi! fit Henriette, écrivons toujours à ma tante.

— Je veux être fixé tout de suite, reprit André. Je vais
parler à mon père.

Et il se dirigea vers M. Imbert qui, assis sur une chaise
adossée au tronc du châtaignier, lisait son journal.

Sans hésiter, André lui dit :

— Il m'est venu une idée, père...

M. Imbert leva la tête et répondit :

— Parle, mon garçon.

— Verrais-tu un inconvénient quelconque à ce que ma
femme et moi nous restions ici jusqu'à la fin de la
saison?... Nous attendrions même le moment de l'audience
et nous irions à Tours ensemble...

— Mais, dit M. Imbert étonné... moi, je ne demande pas
mieux... Que dira ton patron?

André sourit :

— Autant tout te dire : je n'ai pas de patron... Non... Je
n'ai pas de place... depuis un an .. oui, il y a bien un an;
je ne te l'avais pas écrit pour ne pas t'inquiéter... Ce n'est
d'ailleurs qu'une situation provisoire.

M. Imbert fit clapper sa langue à plusieurs reprises.

— C'est très fâcheux, mon pauvre garçon, très fâcheux.
Il est mauvais, à ton âge, de rester dans l'oisiveté. Alors,
vous viviez sur la dot de ta femme? ajouta-t-il en désignant
du doigt Henriette qui passait.

— Je gagnais de l'argent tant bien que mal. Enfin, voici
ce qui s'est passé.

Et André raconta sommairement les péripéties de sa vie

depuis le départ de son père pour la campagne, les places qu'il avait inutilement essayées, la pension de la tante Borne compromise, l'impossibilité absolue d'achever ses études de droit.

— Hé! mon garçon, je comprends bien, reprit M. Imbert avec bonhomie, en lui frappant amicalement sur l'épaule. Qui n'a pas ses tracas ici-bas? J'en ai eu moi-même autre-fois plus peut-être que tu n'en auras jamais, du moins je l'espère. N'importe, mon ami, il ne faut pas te décourager.

— C'est une période à traverser, voilà tout.

— Évidemment, parbleu! tu t'en tireras... Quant à ce qui est de ton séjour ici, mon cher enfant, ne te fais pas de bile. Vous pouvez parfaitement le prolonger jusqu'aux vendanges si cela vous convient.

— Il y a encore un obstacle, dit André en hésitant.

— Ne te gêne donc pas avec moi, mon ami... Va...

— Eh bien! l'argent... Oh! pas beaucoup... Il faudrait que je puisse envoyer quelques sous à Mme Borne, en attendant... Penses-tu que Boitard... avancerait?... Enfin, y a-t-il un moyen?...

— Oh! je saisis bien la situation. Mais cela, je ne te le cache pas, est le côté le plus grave... Hum! Enfin, on s'arrangera... L'année ne sera pas mauvaise... je distrairai ce que je pourrai de mes modestes ressources... Il est clair que Boitard ne refusera pas quelques écus... Ah! cette misérable question d'argent! M'a-t-elle assez tour-menté toute ma vie! Ai-je entendu ce mot à mes oreilles, l'argent, l'argent! Jusqu'ici, mon enfant, jusque dans cette ferme, je suis obligé de me livrer aux calculs les plus pitoyables, les plus mesquins. Je me défends toute l'année contre Boitard avec autant de difficultés que jadis à Paris contre mes créanciers... Quand il faut régler nos comptes de métayage, ce sont des discussions sans fin. Boitard n'est pas méchant, mais il est d'une âpreté extrême... Je suis obligé de me débattre pour des volailles, pour des œufs... Ah! l'argent! Il y a des existences comme cela. Moi, mon ami, j'ai le pressentiment que jusqu'à ma dernière heure j'aurai dans l'oreille ce bruit de sous et d'argent qui m'aura poursuivi ma vie entière!

Et comme Henriette, sur un signe d'André, s'approchait

un peu confuse, M. Imbert se sentit pris soudain d'émotion.

— Mes chers enfants, poursuivit-il d'une voix devenue presque tendre... Hé! pensez-vous que je ne désirerais pas vous avoir tous les deux ici, près de moi, avec ma petite Louise? Ah! André, si tu pouvais un jour reconquérir cette propriété qui nous a appartenu si longtemps... Je l'aime, moi, cette maison... malgré tout. Et vous y finiriez vos jours, mes enfants, comme j'espère y finir les miens... Ne vous inquiétez pas, ma chère fille, vivez ici toute la saison, prenez de la santé pour ce maudit Paris.

Henriette eut brusquement les larmes aux yeux et murmura :

— Merci, père.

— On expédiera des provisions à votre tante, continua M. Imbert en souriant. Heureusement... j'ai encore quelques volailles à ma disposition et voici la saison des fruits... Si seulement ce drôle de Montenol nous resti-

tuait... Ah! quelle chance ce serait! Mais j'y pense, André,
je ne suis pas fâché de t'avoir sous la main pendant tout le
temps de la procédure. Il y a peut-être encore des
démarches... il peut se produire des incidents... Oui, cette
combinaison est parfaite.

Et M. Imbert rasséréné prononça : « A table! »

André eut à la suite de cette explication une de ces
heures de gaieté naturelle et pure où notre être se dilate,
échappe à la tyrannie capricieuse de nos nerfs et semble
tenir plus de place dans le monde. Mais ce qui fait la
valeur surtout de ces instants si rares c'est le flux de
sympathie universelle qu'ils amènent en nou.. André fut
pénétré d'indulgence pour ce Montenol que son père maintenant détestait, mais à qui, lui, allait devoir indirectement
un peu de repos pendant trois mois. Peut-être était-ce
vraiment un malhonnête homme, peut-être au contraire
M. Imbert se trompait-il gravement sur son compte. Il est
probable qu'on ne saurait jamais la vérité. Quoi qu'il dût
arriver, l'heure présente était pour André pleine d'un
charme doux et pacifique.

La nuit, lentement répandue, découpait dans le ciel les
groupes brillants des étoiles. Il aspira fortement l'air
rafraîchi qui accourait vers lui et se coucha tard, le dernier
de la maison endormie déjà. Et le matin il se leva à l'aube,
comme s'il ne voulait pas perdre un seul rayon de la
lumière naissante. Il avait la sensation que sa vie anté-
rieure n'était qu'un songe confus, pareil à ceux qu'il venait
de faire cette nuit, que rien ne s'en était réalisé, que rien
de ce qu'il avait accompli jusqu'alors n'avait d'importance
dans cet éblouissant réveil de la terre. Et cet André errant
dans les rues boueuses de Paris, cet écolier médiocre, ce
jeune homme tour à tour résigné et nerveux, inquiet et
nonchalant, était-ce bien exactement le même que celui-ci,

debout, en pleine campagne, son ombre finement allongée
au soleil levant ?

Quelle illusion de croire que les événements de notre
existence s'enchaînent et se commandent ! Notre vie est
une courte série d'anecdotes racontées sans lien, notre
âme est changeante et variable comme elle, nos sentiments
sont aussi imprévus que des rêves ; et ce sont des lois éternellement ignorées qui nous donnent avec indifférence les
joies et les peines, les matins lumineux, les heures lourdes
et obscures.

Et, pensant à toutes ces choses vagues, André marchait
à travers la campagne, à petites enjambées. Il ne revint à
la maison que lorsque la chaleur fut accablante.

Les journées s'écoulaient paresseusement dans un bien-
être d'une simplicité régulière. Chaque semaine, le samedi,
on expédiait à la tante Borne un grand panier de provisions et quelque argent, d'abord celui qu'André avait
emporté de Paris, puis celui qu'il emprunta à son père et
à Boitard. On avait été obligé de mettre le fermier à peu
près au courant de la situation. Il s'en autorisa pour faire
de la morale à André qui l'écoutait avec attention pour lui
faire plaisir, mais à qui ces semonces presque paternelles
ne causaient aucun émoi.

— Voyez-vous, monsieur André, il faut être sage. Vous
avez là, sauf le respect que je lui dois et l'amitié que j'ai
pour lui, l'exemple de votre papa sous les yeux. Il n'a pas
su diriger son argent et le faire prospérer par un bon
travail, et ainsi il ne vous laissera rien. La famille avait de
la fortune autrefois : tout ça s'est usé à la longue. Il y a
toujours eu de bonnes femmes chez vous, c'est les hommes
qui ont manqué. Vous avez dans la tête, tous les Imbert
que j'ai connus, votre grand-père, votre père et peut-être
bien vous aussi, un petit grain de je ne sais quoi qui vous

empêche de réussir. Alors, nous disons, comme ça, que
vous n'êtes point avocat?

— Non, Boitard.

— Et que vous ne le serez jamais, dans ce cas?

— Ce n'est pas probable, en effet.

— Notez, monsieur André, que je ne trouve point ça
mauvais. Le métier d'avocat, ça n'a pas mené loin
M. Imbert. Et alors, c'est dans le commerce que vous
êtes ?

— Pas absolument, Boitard.

— Dans les bureaux? C'est bon, les bureaux, mais c'est
un métier de feignant. On ne meurt point de faim, mais on
n'a jamais le sou. Vous n'êtes point dans les bureaux non
plus? Hé! hé! monsieur André, autant dire que vous n'avez
pas encore les idées bien arrêtées sur ce que vous voulez
faire...

Et Boitard se mit à rire, en regardant le jeune homme
avec un air de moquerie.

— Pourtant, monsieur André, il y a une chose que vous
avez su faire, hein ? et bien faire : c'est de vous marier et
de donner le jour à un beau bébé. Ça, on ne peut pas dire,
c'est bien fait.

Il s'abandonna à une gaieté bruyante, puis continua :

— Tout de même, ça ne suffit pas, dans la vie, quand
on n'a pas le sou. Ecoutez, monsieur André, je pense que
vous êtes trop raisonnable pour vous forger des illusions
à propos de Montenol. Vous n'en tirerez rien de Montenol;
il a l'argent, il le garde, c'est naturel... Ça fait plaisir à
votre père de le molester, voilà tout. Les Montenol et les
Imbert se sont toujours fait des niches... Ah! ah! il fallait
entendre votre grand-père parler de ça...

— Non, mon cher Boitard, je n'ai pas la moindre illusion sur l'issue de ce procès. La vérité est que j'ai perdu

ma place à la fin de l'hiver, comme cela peut arriver à tout le monde, et que je n'aurai de chances d'en trouver une autre qu'au commencement de l'hiver prochain. J'aime autant voir ma femme et ma fille au bon air qu'à Paris où...

Boitard l'interrompit en lui prenant la main :

— Mais, monsieur André, ce que je vous en dis, c'est pour l'intérêt que je vous porte. Je ne demande pas mieux que de vous voir ici, moi. On s'arrangera toujours et il faut pas vous gêner pour les provisions. Et puis, je l'aime beaucoup, moi, votre femme, qui est une personne dans le genre de votre maman, que je voudrais bien voir avec M. Imbert, allez. Tenez, regardez-la avec la mère Boitard, Mme Henriette. Est-elle aimable !

Et s'adressant à la jeune femme, le fermier poursuivit :

— Eh bien! madame Henriette, madame votre tante a-t-elle bien reçu nos provisions de la semaine dernière ?

— Oui, monsieur Boitard, oui. J'ai reçu une lettre d'elle ce matin et elle me charge de vous remercier.

— C'est moi qui avais choisi les volailles, madame Henriette, comme pour vous. Hé! hé!

La tante Borne, en effet, envoyait régulièrement de ses nouvelles. Elle avait trouvé excellente leur idée de ne pas rentrer à Paris avant l'hiver, la petite Louise venant d'être sevrée. Quant à elle, elle affirmait qu'elle ne s'ennuyait pas un seul instant, qu'elle faisait des visites et qu'on n'eût pas à s'inquiéter. Il suffisait qu'on lui fît tenir quelques sous de temps en temps et elle s'en accommoderait toujours.

Car, avec l'idéale bonté des vieilles gens qui ont sacrifié leur existence aux autres, elle tenait à ne mêler aucun regret à leur joie d'être à la campagne.

Mais la tristesse, au contraire, l'envahissait sans qu'elle essayât de se raidir, une tristesse qui lui semblait monter du fond de sa vie, ramenant avec elle les souvenirs mauvais. Depuis un certain temps déjà, le soir après sa prière et couchée dans son lit, il lui arrivait d'évoquer les heures d'autrefois. Elle en avait eu de douces, de presque tragiques aussi ; elles avaient été surtout mélancoliques et lentes. L'époque la meilleure était peut-être celle où elle avait vécu seule avec Henriette, voyant chaque jour la jeune fille grandir, penser, s'agiter à ses côtés. Elle rêvait alors pour son enfant un avenir paisible dans un mariage heureux et pour elle-même une fin douce et souriante au milieu de ce bonheur. La Providence lui avait réservé de nouvelles épreuves. Toute l'histoire de l'union de sa nièce avec André repassait devant ses yeux. Elle éprouvait parfois maintenant à l'égard du jeune homme un sentiment fugitif d'amertume dont elle se repentait aussitôt, et alors elle allait dans une église s'agenouiller et demander à Dieu d'inspirer André par la suite.

Pourtant, lorsqu'elle reçut de Sainval un paquet de provisions elle murmura : « Pauvre petit, il est bien gentil tout de même. » Elle les partagea avec la bonne qui l'aidait dans son ménage et qui avait bien voulu demeurer dans le logement, en attendant le retour de ses maîtres.

Augustin Imbert l'invitait souvent; elle ne serait pas allée chez lui sans cela. Elle y rencontrait quelquefois Mignot qui la reconduisait après dîner jusqu'à la maison et ils s'entretenaient d'André, de son caractère, de ses goûts, pendant tout le chemin.

Du premier mois écoulé, il restait à peine à la tante Borne de menues pièces de monnaie sur l'argent qu'on lui avait laissé. Mais avant que ses petites ressources fussent tout à fait épuisées, elle reçut de Sainval cinquante francs. Elle ne les dépensa que sou à sou, pour les achats absolument indispensables, pensant bien aux difficultés que les enfants avaient dû avoir là-bas pour se les procurer.

Cette infime somme d'argent dura trois semaines entre ses mains, à cause des dîners en ville qu'elle fit et des légères privations qu'elle s'imposa. André lui envoya de nouveau trente francs seulement, par un mandat sur la poste; puis, ce fut par bribes que l'argent nécessaire lui arriva, des mandats de dix francs, des bons de poste de cent sous, avec des lettres lui annonçant un envoi plus important pour la fois prochaine. Un samedi, que sa dernière pièce de monnaie était dépensée de la veille et qu'elle attendait une lettre de Sainval, la concierge ne monta pas à l'heure accoutumée. La tante Borne descendit et s'informa du courrier: il était passé et il n'y avait rien pour elle. Ce n'était pas très grave, mais la vieille dame eut cependant une sensation rapide de chagrin et d'isolement. Elle avait un sou dans sa poche. Jamais, de sa vie entière elle ne s'était trouvée dans cette situation spéciale. Elle avait connu la gêne, les tracas d'argent, récemment avec Henriette elle avait eu recours au Mont-de-Piété, mais jamais elle n'avait touché à cette extrémité. Elle prit son lait à crédit. « C'est ennuyeux, se dit-elle, je vais être obligé d'emprunter une pièce de quarante sous à M. Mignot. Les petits m'en enverront demain ».

Cette démarche lui était, cependant, très pénible, non pour son amour-propre à elle, mais pour André qu'il lui fallait ainsi accuser indirectement de négligence. Si cet accident fût tombé un dimanche, jour du dîner chez l'oncle Augustin, elle eût préféré attendre jusqu'au soir et déjeuner d'un morceau de pain, quitte à faire un bon repas un peu plus tard. Mais, à moins que M. Imbert n'eût la bonne idée de l'inviter, elle allait être bien forcée de s'adresser à l'employé.

Elle songea aussi à faire, sous un prétexte adroit, une visite à l'oncle Augustin qui, probablement alors, la retiendrait. Mais elle éprouva une espèce de honte et un petit mouvement de dignité. Elle eût risqué cette manœuvre, possédant de l'argent, simplement par économie ; elle ne l'osa pas, en ayant absolument besoin.

D'ailleurs, ce n'était peut-être qu'un retard sans importance. La concierge lui dit que souvent les facteurs oubliaient des lettres et les rapportaient à midi. Elle se résigna à attendre ce courrier. Comme rien ne vint, elle déjeuna sommairement d'un restant de salade. Justement la bonne qui l'aidait s'occupait maintenant de son service, ses patrons étant revenus des bains de mer, et la tante Borne se trouvait toute seule.

Vers six heures du soir, comme elle tournait le coin de la rue qui menait à la « Corbeille », un monsieur s'arrêta devant elle et s'écria :

— Hé ! c'est madame Borne !

— Monsieur Moussu ! murmura-t-elle.

Elle fut intimidée, sans savoir pourquoi, de le rencontrer là subitement. L'ancien tailleur était vêtu d'une façon convenable : il portait une jaquette noire et un gilet jaune. La tante Borne faisant mine de se retirer, il lui demanda :

— Comment va votre santé, madame Borne?

Elle répondit machinalement :

— Merci. Et la vôtre, monsieur Moussu?

Il reprit :

— Vous m'en voulez toujours, hein ? Ce n'est pas de ma faute, madame Borne. Si vous saviez..:

— Non, monsieur Moussu, je vous ai pardonné, quoique ça ait eu des résultats fâcheux pour nous... Mais c'est déjà loin.

Le tailleur soupira :

— J'ai été bien puni, allez... bien puni... Je pars à l'étranger ces jours-ci tel que vous me voyez. Ah ! oui, j'ai été bien puni.

— Vous avez eu des ennuis?

— Tout ce qu'on peut imaginer.

Mais il n'en dit pas davantage.

— Et M. André ? et madame votre nièce? continua-t-il. Comment vont leurs affaires ?

Elle ne voulut pas lui donner d'explications et se borna à dire :

— Ils sont à la campagne, chez leur père. Je les attends dans deux ou trois semaines.

— Alors, vous êtes seule à Paris? Et vous rentriez peut-être dîner chez vous?

— En effet, monsieur Moussu, en effet.

— Seule, naturellement ? Vous n'avez point d'invités.

Elle sourit.

— Non, monsieur Moussu.

Il hésita un instant, puis ajouta :

— Ah! madame Borne, si vous vouliez me faire beaucoup de plaisir, si vous vouliez me montrer que vous ne me gardez pas rancune et que vous êtes une bonne femme, vous ne savez pas ce que vous feriez? Vous viendriez dîner avec moi dans un restaurant. Ça me porterait bonheur avant de partir.

Il soupira profondément et répéta :

— Ça me porterait bonheur : ne me refusez pas ça, madame Borne.

La vieille dame se mit à rire franchement :

— Pardi ! ce serait drôle !

Elle consulta une pendule qui marquait six heures et demie et songea : « M. Mignot est sorti maintenant, je l'ai manqué. »

— Eh bien ! allons, monsieur Moussu.

Le tailleur lui offrit gauchement son bras qu'elle accepta et ils al-

lèrent tous les deux dans un restaurant à prix fixe du boulevard Sébastopol. Puis, il l'accompagna jusqu'à sa porte et elle lui donna une poignée de main. Alors, il s'éloigna, appuyant lourdement sur le trottoir ses longues jambes et haussant ses maigres épaules.

Le lendemain matin, tante Borne reçut vingt francs de Sainval et comme, en ouvrant sa fenêtre, elle reconnut qu'il commençait à faire frais, elle préleva sur cette somme de quoi envoyer à ses enfants leurs vêtements d'hiver.

Le temps des vendanges était arrivé. C'était pour les gens de Sainval et de tout le pays l'époque la plus grave de l'année. Les champs se couvraient de paysans et de paysannes courbés sur la terre et on voyait, au bord des routes, des charrettes sur lesquelles des tonnes emplies de raisin exhalaient une âcre odeur de ferment et de lie.

Les couchers de soleil étaient plus rouges au milieu d'un océan de nuages, aux grands aspects fantastiques ; la nuit venait brusquement et des bourrasques de vent froid arrachaient déjà les feuilles mourantes.

M. Imbert avait fait encore un voyage à Tours pour un détail de procédure, et, ayant rencontré Montenol à la gare, était revenu à Sainval très surexcité. Il avait échangé avec son ennemi un regard de haine.

— Il allait évidemment chez son avoué, dit M. Imbert à son fils.

— L'as-tu bien regardé ? C'est le genre d'homme que tu te rappelais, n'est-ce pas ?

— Je n'ai guère eu le temps, mais mes souvenirs étaient exacts. Ce qui te frappera surtout, c'est un œil très sournois, très hypocrite. D'ailleurs, tu le verras bientôt, car nous sommes appelés à l'audience du 15 novembre, à deux heures de l'après-midi. Oh ! ce sera très court. Vous vous tiendrez tous les deux à la barre et le président ne vous posera que trois ou quatre questions, après quoi il déférera le serment à Montenol.

André voyait approcher aujourd'hui d'un esprit plus calme le terme de son séjour à Sainval. La petite Louise était rétablie complètement des péripéties du sevrage, la santé d'Henriette avait pris une force nouvelle et, sous les premiers frissons de l'hiver, André sentait un besoin d'activité et de lutte se répandre en lui, après cette belle saison oisive.

Certains détails rendaient aussi le séjour de Sainval moins agréable qu'au début. Le père Boitard commençait à s'agacer des nombreuses demandes d'argent qu'il subissait, quoique ce fussent des sommes insignifiantes et qu'André eût promis, si son père était trop gêné pour les lui rendre, de les renvoyer de Paris. Il y avait néanmoins de la contrainte entre eux; le fermier était devenu moins familier avec le jeune homme et restait des journées sans lui dire autre chose que « Bon appétit! » ou « Bonsoir monsieur André » d'un ton qui avait bien changé depuis deux mois.

M. Imbert lui-même remarquait le changement dans ses habitudes dû à la présence de ses enfants.

— Il est temps que nous partions, dit en souriant André à sa femme.

— A qui le dis-tu? reprit Henriette. La mère Boitard me regarde en dessous quand je vais chercher des œufs au poulailler.

— Enfin, nous ne nous sommes pas ennuyés, c'est l'essentiel.

— Heureusement que, les vendanges étant achevées, Boitard reconnut qu'on ferait dix pièces de vin de plus que l'année dernière et peut-être quinze. Cela remit de la cordialité dans les rapports de tout le monde et permit d'attendre le jour de l'audience, veille du jour fixé pour le départ d'André, dans des dispositions paisibles.

Le 15 novembre, M. Imbert partit avec André. Depuis une semaine il faisait froid et ils furent obligés de s'envelopper de couvertures dans la carriole. Durant le trajet, après avoir donné à son fils les derniers renseignements sur la manière dont il devait répondre au tribunal, M. Imbert resta silencieux. D'ailleurs, il était visiblement fatigué par la vie agitée de ces trois mois, par ses voyages, ses démarches, ses émotions inaccoutumées, et il avait hâte de voir terminer l'affaire. André s'y intéressait à peine, tant il la jugeait puérile et sans conséquence possible : toutes ses pensées allaient maintenant vers Paris. Ils étaient seuls dans le wagon; ils se tenaient aux portières opposées, regardant vaguement la campagne. Le soleil avait écarté les nuages gris du matin et l'air peu à peu devenait moins vif. On traversait des bois épais, mais que l'automne trouait déjà par endroits : dans un carré de terre, presque contre la voie du chemin de fer, André aperçut un chasseur, le fusil horizontal et prêt à tirer. Quand le train passa, un gros épagneul tout à coup bondit entre les branches, faisant lever une compagnie de perdreaux, André vit des petits flocons de fumée; puis le chien de nouveau s'élança. D'autres spectacles défilaient à la portière du wagon, mais André conserva quelques instants en lui l'image de cet homme heureux et libre qui rôdait avec son chien autour des bois ensoleillés.

Ils arrivèrent à Tours plus d'une heure avant l'audience, et ils entrèrent dans un café de la place du Palais-de-Justice.

— Je vais prendre encore quelques informations, attends-moi là, dit M. Imbert à son fils.

Il revint au bout d'un quart d'heure, pendant lequel André avait lu des journaux, machinalement.

— J'ai vu le greffier. Nous serons appelés vers deux heures et demie, peut-être avant, et comme cela ne dure que très peu de temps, nous pourrons repartir, j'espère, par le train de quatre heures pour être à Sainval à six. J'ai jeté un coup d'œil dans les salles, Montenol n'est pas encore là. Nous allons le voir arriver sur la place.

André fut alors saisi d'un commencement de curiosité et murmura :

— Je serais curieux de savoir si je le reconnaîtrais d'après le portrait que tu m'en as fait.

M. Imbert déclara :

— Tu le reconnaîtrais entre mille.

Il demanda une tasse de café noir et quand il l'eut bue commença à s'impatienter, tirant sa montre à chaque minute.

— Rentrons au Palais, fit-il. Nous attendrons dans la grande salle.

Sous les colonnes, avant de franchir la porte, M. Imbert se retourna et parcourut la place du Palais d'un regard circulaire et dit :

— Tiens! il fait bon au soleil. Restons donc ici.

Et ils se tinrent debout, dans un rectangle de lumière, que deux colonnes découpaient sur les dalles. André examinait tous les passants qui avaient l'air de se diriger vers le Palais et M. Imbert mâchait sa moustache.

— Eh bien! Eh bien! dit soudain celui-ci en donnant un coup de coude à André... C'est lui...

— Où donc?

— Là, cet homme qui traverse...

— Avec un autre?

— Oui.

— Ma foi, murmura André; je ne l'aurais pas deviné.

C'était un monsieur d'une allure calme et distinguée, avec un chapeau haute forme, des gants clairs et un pardessus marron qui lui tombait en dessous du genou. Il était accompagné d'un jeune homme portant une serviette d'avocat.

— Ce doit être le clerc de son avoué, dit M. Imbert.

Montenol s'avança jusqu'au bas de l'escalier; là, il dit quelques mots à son compagnon qui s'éloigna en le saluant, puis il se mit à monter l'escalier d'un pas tranquille, appuyé sur une canne.

— Il vient seul, pourquoi? murmura André.

— Je n'en sais rien, ça m'étonne, reprit M. Imbert.

Montenol maintenant passait devant eux. Il avait le cou

enveloppé d'un foulard de soie et toussa un peu. André distingua alors les traits du visage, assez pareils en effet à ceux que son père lui avait décrits : nez fin et pointu, des yeux vifs, petits, d'un bleu clair, des pommettes saillantes et très rouges.

Le menton fuyait dans le collet du vêtement. Mais ce qui faisait qu'André ne l'avait point reconnu aussitôt, c'est que M. Imbert avait négligé justement le détail le plus curieux de sa physionomie, des lèvres fortes, sanguinolentes et tranchées en biais, à la façon d'un bifteck ; le vide de la moustache entièrement rasée les accentuait encore dans le cadre de deux longs favoris gris qui pendaient sur le foulard.

Montenol ne parut pas les apercevoir et passa, simplement, comme devant des inconnus. Cependant, il sembla à André que son œil avait fait un imperceptible effort de leur côté.

La marche, la tournure de Montenol étaient, en outre, le contraire de celles d'un homme brutal, ainsi que M. Imbert le prétendait. Elles montraient même de la distinction. André, alors, regarda son père et lui-même. Ils

avaient tous les deux des souliers mal cirés, des habits
quelconques et disparates, des chapeaux melon avec des
bosses; ils ne portaient pas de gants. M. Imbert avait
toujours négligé sa toilette, et, depuis surtout qu'il n'habitait plus Paris, ressemblait à ces bourgeois à demi
paysans des villages arriérés de province. Quant à André,
il avait une barbe soignée tant bien que mal depuis trois mois.

Il songea que Montenol, dont le grand-père était ouvrier
et qui dirigeait une fabrique, avait tout à fait l'air d'ap-
partir à une classe supérieure à la leur; mais les Montenol
s'étaient enrichis en deux générations et affinés tandis
qu'ils étaient devenus, eux, à force d'exercer de père en
fils des professions faciles et sans risques et de grignoter
lentement la fortune de la famille, des êtres insouciants,
fatigués et mous. Cette fortune même, non seulement ils
n'avaient pas su l'augmenter, mais ils n'avaient pas su la
défendre; elle s'était émiettée sou à sou, comme pierre à
pierre s'écroulait la tour de Sainval, et aujourd'hui ils
essayaient, par un effort vain et tardif, d'en reconquérir
la dernière et hasardeuse épave.

André éprouvait une humiliation mêlée de colère. Au
passage de Montenol, M. Imbert avait commencé à ricaner,
à lancer un : « Ah ! ah ! » Mais son fils l'avait brusquement
saisi par le bras et aussitôt il s'était tu.

Cette affaire, qui jusqu'alors laissait André si indifférent,
l'intéressa tout à coup. L'idée de comparaître à la barre,
d'arracher un serment à un homme qu'il n'avait jamais vu
et à propos d'une histoire aussi vague lui avait toujours
paru un peu puérile. Maintenant, au contraire, il sentait
l'émotion silencieuse et forte qui précède les combats. Il
se redressait, se crispait. Quand il dit à M. Imbert : « Il
est l'heure. Allons ! » le timbre de sa voix avait subitement
changé.

Ils pénétrèrent dans la salle du tribunal. Il y avait sur les bancs, çà et là, une douzaine de personnes à peine. Montenol était à gauche de la barre. André se plaça sur le banc au-dessus, à droite, de manière à apercevoir son visage.

Un avocat récitait une plaidoirie d'une voix monotone. Le président du tribunal était appuyé sur un coude et tenait dans l'autre main un crayon dont il ne se servait pas. A côté d'André, un homme, le cou tendu, écoutait et faisait des mouvements nerveux.

Montenol avait enlevé son foulard et déboutonné son pardessus. Vue ainsi, et entièrement, sa physionomie, avec son nez en avant, le teint excité de la peau, le front traversé de bas en haut d'une large ride, dénotait bien un homme violent. Le contraste de cette figure qui semblait irritée et énergique avec les gestes rares de Montenol, avec son maintient froid et presque timide, frappa André. Il supposa que ce calme n'avait été obtenu qu'à la suite de fureurs terribles, par un effort douloureux sur soi-mêm', et il s'attendit à une explosion de colère et d'indignation au moment du débat.

— C'est à nous, murmura M. Imbert.

— Ah ! bon !

— Tu te rappelles bien ce que je t'ai dit?

— Oui... oui... sois tranquille.

— Imbert contre Montenol, prononça le président.

Ils s'avancèrent tous deux à la barre, l'un près de l'autre, se touchant presque. André remarqua qu'ils étaient de la même taille, et, pendant que le magistrat consultait des notes, il regarda tranquillement son ennemi de profil. Montenol avait la face dirigée vers le tribunal, et un souffle court sortait de sa bouche.

Le président dit :

— Je n'ai qu'une question à poser à chacun de vous. Monsieur André Imbert, vous demandez à M. Pierre Montenol de prêter serment qu'il n'a rien reçu de votre cousin, M. Pachery, à son lit de mort, pour vous être remis personnellement à titre de fidéicommis ?

André répondit d'une voix nette et sèche :

— A son lit de mort ou dans toute autre circonstance. J'ai acquis la conviction que j'aurais dû toucher, à la mort de mon cousin, une somme dont j'ignore le montant, mais enfin une somme quelconque, et que cette somme est entre les mains de M. Montenol. La loi ne me permettait pas de faire une enquête...

Montenol se retourna et dit doucement :

— Je vous demande pardon, monsieur... vous auriez pu vous adresser au Parquet. Pourquoi ne l'avez-vous pas fait ?

Cette réponse, où André crut démêler de l'ironie, fit monter le sang au visage du jeune homme.

— Vous savez bien que le Parquet s'y serait refusé. Vous vous êtes arrangé de façon qu'il ne restât que des témoignages insuffisants... Mais je connais assez l'affaire et ma conviction est absolue.

Leurs épaules se frôlaient. Montenol avait aux lèvres un sourire léger, timide même : aucune contraction ne se voyait sur son visage. Il semblait être venu là pour une affaire insignifiante, l'intéressant à peine. André, remué par ses propres paroles, eût voulu, à ce moment, se jeter sur lui. Ses yeux cherchaient ceux de l'adversaire qui se détournaient lentement, fuyant le choc.

André répéta :

— Je suis sûr, oui, je suis sûr !

Le président prit la parole :

— Vous n'avez plus autre chose à dire ?... Montenol,

jurez que vous n'avez reçu aucune somme de Pachery, dans n'importe quelle circonstance, destinée à André Imbert.

Montenol étendit la main avec une lenteur tranquille.

— Je le jure.

C'était fini. Ils quittèrent la barre et une autre affaire fut appelée.

André avait les jambes tremblantes. Le piètre appareil de ce serment solennel, la voix indifférente du président et le peu d'importance qu'il semblait attacher à ces choses l'indignaient. Il eut la sensation rapide et profonde qu'il était victime d'une injustice, que Montenol l'avait volé.

Celui-ci sortait de la salle. André le suivit, malgré les efforts de son père pour le retenir. Il le rejoignit dans le couloir, le dépassa, puis, s'arrêtant, le regarda en face.

Montenol, sans colère, sans faire un mouvement de défense, croisa son regard sur le sien et s'éloigna. André le laissa partir et revint vers M. Imbert les poings fermés.

— Je reverrai cet homme-là! s'écria-t-il. C'est un voleur!

Mais M. Imbert, maintenant, était apaisé. Il ne songeait plus qu'à rentrer à Sainval et à reprendre sa vie inoccupée de propriétaire. Ce résultat était prévu au fond. Ni lui ni André n'avaient jamais dû se faire d'illusion.

— La vérité, dans ces histoires-là, mon cher ami, est décidément impossible à savoir. Résignons-nous.

Il tira sa montre et ajouta :

— Nous avons une grande heure pour le train.

André ne répondit pas. La colère que M. Imbert avait ressentie au début de l'affaire était en lui maintenant, mais plus froide, plus concentrée et silencieuse. Un travail soudain de logique s'était fait en son esprit: c'est lui qui eût juré que Montenol lui devait de l'argent. Il reconstitua la scène au lit de mort de Pachery, la combinant avec la physionomie de son adversaire, avec ses yeux inquiets, avec ses lèvres rouges qu'il mordait pendant que le magistrat posait la question du serment.

Il monta dans le wagon et, jusqu'à Dangé, M. Imbert et son fils ne se parlèrent que pour des remarques banales à propos des stations et du temps qu'il faisait.

Quand, ayant quitté le bord de la rivière, ils s'engagèrent dans la route de Mondion, dont André aujourd'hui connaissait tous les détours, une pluie fine et froide se mit à tomber. M. Imbert, enveloppé soigneusement dans son pardessus, bougonnait, prévoyant une attaque de rhumatisme. En arrivant à Sainval, il courut dans sa chambre changer de vêtement, puis vint se réchauffer au feu de la cuisine.

— Il a juré, n'est-ce pas? dit Boitard à André.

— Oui, oui, reprit celui-ci. Il a juré... mais nous verrons un jour...

Le fermier haussa les épaules.

— Bah! ce qui est fini est fini... Il faut maintenant penser aux choses sérieuses, monsieur André.

— Vous avez raison, Boitard, reprit celui-ci avec calme. C'est votre fils qui m'accompagnera demain à la gare?

— Alors, vous partez, c'est convenu ?

— Demain, à onze heures du matin. Nos bagages sont prêts.

M. Imbert, d'ailleurs, n'insista pas pour retenir ses enfants. Il eut un court attendrissement en les serrant dans ses bras lorsqu'ils s'installèrent dans la carriole. Cependant il embrassa la petite Louise à plusieurs reprises. Ce fut une de ces séparations de famille où l'émotion est comme machinale, où les larmes mouillent les yeux sans que le cœur ni la pensée s'en aperçoivent.

— Bon courage, monsieur André ! cria le père Boitard.

La carriole franchit le tournant de la route, le cheval trotta et alors un bruit de planches et de ferrailles assourdit les voyageurs.

A la gare de Dangé, André prit les places en changeant un billet de cent francs que lui avait donné son père d'un air grave de sacrifice. Henriette ne paraissait pas triste de revenir et elle s'étonna de l'attitude presque sombre de son mari, qui dut la rassurer: ce n'était, lui dit-il, qu'une impression passagère, à la suite des péripéties de l'audience. Elle ne voulut point le chagriner en lui parlant de leur situation, car depuis quelque temps déjà elle était prête à tout, elle avait l'intuition de la misère prochaine ; et sans se plaindre, avec le doux courage des femmes aimantes et fières, elle se disposait à la subir, ainsi qu'une opération nécessaire.

Ils arrivèrent à Paris avec cinquante-cinq francs pour toute ressource.

— Ah! mes enfants! s'écria la tante Borne, que je suis contente de vous avoir là. Hé! je commençais à me dire. ils ne reviendront plus, peut-être!

Puis elle les mit au courant de tous les ennuis qu'elle avait eus au terme d'octobre. Elle n'avait pas osé en parler à l'oncle Augustin, et lorsque la concierge présenta la quittance, elle répondit qu'elle attendait de l'argent de province. La concierge fit la grimace, car, disait-elle, « c'est toujours sur moi que ça retombe quand quelqu'un ne paye pas son terme dans la maison ». La tante Borne était allée en personne trouver le propriétaire, assez bon homme, et l'avait prié de patienter.

— Je lui ai dit que tu avais une affaire importante à Châtellerault et que nous le payerions à ton retour. Dame! la concierge va revenir demain matin avec sa quittance. Qu'est-ce que tu lui répondras, mon garçon?

André haussa les épaules.

— Je lui dirai n'importe quoi... Si elle n'est pas contente, nous le verrons bien.

Une scène eut lieu le lendemain dès huit heures. La concierge déclara que le propriétaire n'attendrait pas un jour de plus.

— Il attendra parfaitement, répondit André avec tranquillité.

Exaspérée par cette affirmation hasardeuse, elle reprit :

— Vous le savez peut-être mieux que moi, qui lui ai causé hier !... On va vous faire saisir dans trois jours.

André sourit.

— Non, dit-il flegmatiquement.

— Non ? cria la concierge... Eh bien ! ça !

— Je vous dis non, madame, parce qu'on ne fait pas saisir les gens en trois jours et qu'on n'expulse pas des locataires sans certaines formalités.

— Vous ne voulez pas vous en aller, alors...ou payer?...

— Je ne peux pas payer et je ne veux pas m'en aller maintenant.

— C'est trop fort ! fit-elle très haut sur le palier en ouvrant la porte. Quelle maison ! L'un qui devient fou, l'autre qu'on va être obligé d'expulser... Et tout ça sur le même palier !

— Qui donc est devenu fou? demanda André qui eut un battement de cœur.

— Le père Léo, dit la concierge. On est venu le chercher hier.

— Je m'en doutais. Ah ! mon Dieu, pauvre diable ! dit douloureusement André.

Les deux femmes furent désolées de cette nouvelle et il sembla à Henriette que ce logement étroit au sixième, en ce début de l'hiver, avec ce morceau de ciel gris qu'elle apercevait par la fenêtre, devenait plus étroit encore et plus médiocre. C'était pour leur rentrée à Paris un mauvais présage auquel, malgré elle, elle ne fut pas insensible. Quant à la tante Borne, elle s'était tout à coup réfugiée dans sa chambre et priait.

André sortit. Il rendit une visite à son oncle, qui l'interrogea sur tous les détails de l'affaire Montenol. Augustin Imbert jugea qu'elle avait fini comme elle devait fatalement finir. Puis il les invita tous les trois à dîner pour le dimanche suivant et n'adressa à André aucune question sur ce qu'il avait l'intention de faire. « Allons, se dit le jeune homme, je crois qu'il se moque de ce qui peut m'arriver autant que mon père ou que... Montenol. » Et, au moment de partir, il se rappela qu'il était venu avec l'idée bien arrêtée de lui emprunter de l'argent. Autrefois il n'eût hasardé cette demande qu'après mille hésitations, troublé par les grands airs de son oncle. Mais il s'aperçut alors qu'Augustin Imbert ne l'intimidait plus du tout, et il s'exprima avec désinvolture, étonné lui-même de ce rapide changement qui s'était fait en lui.

— A propos, mon oncle, je viens vous prier de me rendre un petit service.

— Ah! ah! murmura Augustin Imbert.

— Je crois que, si je ne paye pas mon terme ces jours-ci ou si je ne donne pas au moins un fort acompte, je finirai par être vendu. Pouvez-vous m'éviter ça ? continua-t-il en souriant.

L'oncle Augustin, habitué à des manières plus humbles, se trouva gêné à son tour.

— Mon ami, dit-il, je... je ne demanderais pas mieux. Mais mes revenus, tu le sais, sont fort modestes... J'ai envoyé à ton père tout ce qui me restait de disponible sur cette année... Hum! Combien te faudrait-il ?

André prononça carrément :

— Deux cents francs!

— Oh! c'est impossible, mon ami, tout à fait... Je peux te donner la moitié... Veux-tu la moitié ?

— Dame ! dit André.

— Voici cent francs, mon garçon, voici cent francs...

Devant l'attitude naturelle et résolue de son neveu, l'oncle Augustin ne trouva pas à lui adresser une de ces phrases toutes pleines de son expérience de la vie et où il excellait. C'était la première fois non seulement qu'André, mais qu'une personne quelconque de son entourage lui demandait une chose avec tant de simplicité. Il redevint brusquement et pendant quelques secondes un homme ordinaire.

— Maintenant, se dit André dans la rue, allons voir Mignot pour compléter la somme s'il y a moyen.

Car il avait calculé qu'il ne lui suffisait pas de payer son loyer et qu'il avait besoin d'un peu d'argent aussi pour les dépenses du ménage.

Il lui était venu inconsciemment un calme extraordinaire, une décision froide pour ces sortes de démarches pénibles qui autrefois l'agitaient pendant des heures. Son inquiétude, son énervement s'étaient dissipés, comme on perd peu à peu la gaucherie d'une première entrée dans un salon, et ces transformations s'étaient accomplies dans son âme à son insu, par un travail lent et secret qui se dévoilait soudain. Il ne se tourmentait plus, comme jadis, par des réflexions vagues sur tous les événements qui se produisaient dans sa vie. Il les avait épuisées par l'abus qu'il en avait fait dans tant de circonstances, et il allait aujourd'hui dans une indifférence à peu près complète du hasard et de l'avenir. Une besogne quelconque, la plus bête ou la plus dure, parce qu'il fallait vivre et faire vivre les siens, voilà tout ce qu'il demandait. Et il vieillirait, il élèverait sa fille et il disparaîtrait un jour, sans regret et sans amertume.

Un seul souvenir avait le privilège de remuer son sang et ses nerfs, celui de Montenol à l'audience, de Montenol étendant la main et jurant devant les magistrats impassibles. Sa pensée franchissait la distance et allait le chercher là-bas parmi ses ouvriers, dans le bourg de Méray-sur-Loire; il s'approchait de lui, l'injuriait, lui réclamait

son argent, le dénonçait à tout le monde comme voleur.
Car c'est lui qui l'avait privé de ce hasard heureux que
tout homme a dans sa vie au moins une fois. Comme son
existence eût tourné d'une autre façon si à l'époque de
son mariage, à la mort de son cousin, il avait touché une
somme importante, cette mise de fonds initiale que la
plupart des bourgeois de son rang trouvent dans leur
patrimoine ! Que seraient devenus les meilleurs, les plus
intelligents de sa génération, les Deruine ou les Moure,
s'ils s'étaient trouvés comme lui, au début de leur vie,
obligés de gagner leur pain par des besognes ridicules ?

— C'est fini, je ne veux plus songer à ce brigand-là !
murmura-t-il.

L'hiver était très rude. Le ménage en fut réduit bientôt
aux privations des plus pauvres gens. André s'endetta
auprès de tous ses amis, de Mignot, à qui il avait recours
sans cesse, d'Emile Lebeau qui en arriva à lui faire dire
par un garçon de l'hôpital qu'il n'était pas là, de Grenot le
liquoriste, qui, en l'apercevant, faisait des gestes gênés.
Celui-ci, pourtant, se montrait excessivement serviable et
l'obligeait avec un véritable dévouement. Ce fut lui qui les
empêcha d'être vendus sur la voie publique au terme de
janvier et qui, par-ci par-là, fit gagner à André quelques
sous. Une fois, il lui dit:

— Écoute, mon vieil Imbert, tu devrais prendre une
résolution énergique... Voici. Veux-tu aller à Bordeaux ?

— Pourquoi faire ?

— Pour t'y installer... J'ai une place en vue chez Larive
et Cie, les grands commissionnaires en vins. Il y a déjà
quelque temps que je la surveille et que je m'en occupe.
Si tu m'autorises à leur écrire, ce sera une affaire faite au
mois d'avril ou de mai... Ça t'est-il égal de quitter Paris ?

— Moi ! s'écria André, mais je serais enchanté de quitter Paris. Bordeaux me va à merveille.

— Ta famille ?

— Ma famille ira habiter Bordeaux avec le plus grand plaisir.

— Hé ! ajouta philosophiquement Grenot, on ne réussit pas dans une ville, on réussit dans une autre... Tu auras au moins cent cinquante francs par mois, peut-être deux cents, et la vie est meilleur marché dans le Midi. Alors, ça va ? Je peux marcher ?

— Tu m'obligeras. Dès que tu auras une réponse, je partirai.

— Ah ! mon vieux, tu me soulages. Vrai ! ça me faisait une peine énorme de te voir, comme ça, toujours dans la dèche. Ce n'était pas une vie pour un garçon comme toi... Bordeaux, mon ami, est une ville pleine de ressources. Il y a des armateurs, de grands négociants et bien moins de concurrence qu'à Paris pour les places... Dis-moi que tu es content.

— Je le suis, mon vieux, et je te remercie.

André avait accepté immédiatement, sans objection, comme un malade à qui l'on proposerait d'aller passer sa convalescence dans le Midi, au soleil. Henriette et la tante Borne, qui venaient, pendant ce dur hiver, de se débattre au milieu de luttes quotidiennes contre les fournisseurs impatients, poussèrent des soupirs de soulagement.

— Ce Paris nous porte malheur ! dit la vieille dame. Eh ! il y a trop de monde, on ne peut pas gagner sa vie. C'est une belle ville Bordeaux, et au moins, ajouta-t-elle en mettant dans ce mot toutes ses rancunes contre la capitale, et au moins c'est en province !

Il fallut un mois de lettres, de réponses et de démarches pour être fixé. Enfin, la maison Larive et Cie avisa un

matin André qu'on l'attendait à Bordeaux le 1er mai et
qu'il entrait aux appointements de cent soixante-quinze
francs par mois. Un chèque représentant les frais du voyage
était inclus dans l'enveloppe. Ce fut comme si on leur
annonçait un héritage. La tante Borne oublia d'un coup les
angoisses et les épreuves du temps
écoulé. La vue d'un peu d'argent
après tant de privations, l'idée
de fuir ce logement où elle avait
failli désespérer de la Providence mettaient
un éclair de bon-
heur sur sa douce
figure résignée.
On décida que
l'on vendrait tous
les meubles, dont
le transport eût
été trop coûteux,
et que l'on s'ins-
tallerait à Bor-
deaux en garni,

en attendant d'avoir réalisé des économies. Dans cette
circonstance, d'ailleurs, l'oncle Augustin se conduisit
généreusement. Il fit un cadeau de 200 francs à André,
puis il le félicita de s'engager enfin dans une voie
régulière. Il déclara qu'il se chargeait en outre des dettes
contractées envers Mignot.

Le 20 avril, ils partirent, avec trois malles seulement
pleines d'effets et des quelques bibelots auxquels tenait la
tante Borne. Les rues de Paris étaient joyeuses dans un matin
lumineux et frais, et ils avaient l'impression qu'ils entrepre-
naient un voyage d'agrément vers un pays désiré et inconnu.

André s'avança au guichet pour prendre les billets et il allait demander : « Trois troisièmes pour Bordeaux », quand une idée s'accrocha subitement à son cerveau, l'idée de s'arrêter à Tours, de se rendre à Méray-sur-Loire, de rejoindre Montenol, de le braver, de lui dire qu'il savait la vérité et de partir alors, débarrassé de cette obsession et de la haine contre cet homme qui s'était insensiblement formée en lui. Ce sentiment, dont il se croyait incapable, l'irritait aussi contre lui-même. Il le jugeait mesquin, presque ignoble et, cependant, il le sentait, il en était envahi et pénétré depuis des mois.

— Est-ce absurde ! se dit-il. Je ferais mieux de laisser ce misérable tranquille. Bah ! je me déciderai dans le train. Qu'est-ce que je risque ?

Et il demanda :

— Trois troisièmes pour Saint-Pierre-des-Corps.

Il se contenta de faire enregistrer ses bagages pour cette localité et cacha les billets dans sa poche, afin de ne pas être obligé d'avouer ses projets à la tante Borne et à Henriette avant de monter dans le wagon.

— J'en serai quitte pour reprendre d'autres billets à Saint-Pierre, songea-t-il. Ce n'est pas plus cher.

Dès que le train se fut mis en marche, la tante Borne s'abandonna à une joie enfantine, tandis qu'Henriette et André, plus graves, s'étaient rapprochés l'un de l'autre et caressaient alternativement les cheveux de la petite Louise, dont les regards étonnés semblaient se rappeler l'autre voyage. Elle était blonde, délicate et sérieuse, et disait même déjà bien des choses.

La banlieue franchie, la campagne apparut sous le tapis léger des premières verdures et ils revirent le même paysage qu'ils avaient traversé l'an dernier dans la splendeur de l'été. La Beauce était illimitée et nue comme une

Ses traits étaient tirés et pâles, vus ainsi dans l'immobilité du sommeil
(p. 318)

20

plaine aride; la Loire, après Blois, était bourbeuse et
jaune, mais les champs frissonnaient déjà sous une lumière
tiède et pure.

Comme on allait arriver à Saint-Pierrre-des-Corps,
André se leva :

— Voyons, se dit-il, faut-il descendre tout à fait, faut-il
aller tout bonnement prendre d'autres billets jusqu'à Bordeaux et continuer la route?

Henriette, fatiguée par les tracas et l'heure matinale du
départ, s'était endormie, ayant confié la petite fille à la
tante Borne. André regarda sa femme, dont les paupières
baissées montraient des veines violettes; ses traits étaient
tirés et pâles, vus ainsi dans l'immobilité du sommeil.
Elle avait maigri et un air de lassitude était répandu sur la
peau fine et blanche de son visage. Pourquoi un violent
accès de colère le saisit-il brusquement alors contre ce
Montenol, contre cet homme dans lequel, sans preuve et
sans raison peut-être, il s'attachait à voir un ennemi? Et le
sang afflua à ses yeux à la seule pensée qu'il se trouvait
près de lui en ce moment.

Il toucha à peine le bras d'Henriette qui s'éveilla :

— Nous ne sommes pas arrivés, je suppose? demanda-
t-elle en souriant.

— Non, reprit André, en s'asseyant à côté d'elle. Mais
je désirerais m'arrêter à Tours.

— Pourquoi cela, mon Dieu?

Il dit, après une hésitation :

— Pour voir Montenol. Que veux-tu! c'est peut-être une
superstition, mais tant que je n'aurai pas vu cet homme-là
en face, je serai en proie à une espèce d'obsession. Ne t'inquiète pas, j'irai le trouver avec le plus grand calme, mais
une fois pour toutes, il faudra bien que je sache à quoi
m'en tenir.

— Quelle idée, mon chéri! Qu'est-ce que tu espères?

— Oh! rien... Remarque que Montenol est peut-être le plus honnête homme du monde, mais je ne peux pas le croire. Si je ne faisais pas cette dernière démarche, il me resterait toute ma vie le remords d'avoir été dévalisé, volé, grugé comme un imbécile. Je ne me le pardonnerais pas.

— Qu'est-ce que vous dites donc là tous les deux? demanda la tante Borne.

— Nous disons, ma tante, que nous nous arrêtons à Tours jusqu'à demain. C'est convenu.

On lui expliqua le projet d'André. Elle en fut d'abord consternée, mais on lui démontra qu'il ne pouvait avoir, en tout cas, aucune conséquence fâcheuse et qu'on irait à Bordeaux par un autre train, voilà tout. C'était une fantaisie d'André. La tante Borne, à qui le jeune homme avait maintes fois raconté l'affaire, finit par l'approuver.

— Tiens, il a raison de se défendre, ce garçon, dit-elle à Henriette.

On approchait de la station de Saint-Pierre-des-Corps. Ils ramassèrent vivement leurs bagages et descendirent. Comme ils se précipitaient vers le train qui amenait les voyageurs à Tours, André demanda à un employé :

— Comment va-t-on à Méray-sur-Loire? Est-ce qu'il faut passer par Tours?

— Inutile. Vous partez d'ici.

— Quand?

— A une heure dix minutes.

Il restait cinquante minutes pour déjeuner. André alla consulter une grande carte des environs de Tours clouée contre le mur de la gare. Méray-sur-Loire était à moitié du chemin, à vue d'œil, entre Tours et Amboise. Il ne devait pas falloir même une demi-heure pour s'y rendre en chemin de fer. André mangea à peine, ne cessant de lire l'indicateur ou de regarder la pendule.

A une heure et demie, ils étaient à la station de Méray, gros bourg situé en haut d'une de ces collines aux pentes douces qui bordent la Loire sur la rive droite. La gare était éloignée des maisons de quelques centaines de pas. André, alors, dressa son plan : on se rendrait à l'auberge du village et, là, on s'informerait de l'habitation de Montenol ainsi que du moment où on pourrait le rencontrer.

— Et, ma foi, dit André, en gravissant le chemin montant entre les étages de vignes, si je n'arrive pas à le voir, nous aurons toujours fait une promenade superbe. Regarde cette Loire... Est-elle belle !

Ils se retournèrent et ils eurent devant les yeux le vaste spectacle du fleuve roulant des vagues comme un bras de mer. Sur l'autre rive, on découvrait la masse blanche de Tours et des villages voisins, et la ligne sombre de la forêt d'Amboise terminait l'horizon vers la gauche. Il était doux de marcher, sous un soleil de printemps, dans ce large et clair paysage.

Ils arrivaient au bourg de Méray, dont une des premières maisons était justement l'auberge avec un cheval blanc peint au-dessus de la porte.

La patronne, forte personne en tablier blanc, s'avança vers eux de cet air cordial et familier des aubergistes de Touraine, pour qui un voyageur devient instantanément une ancienne connaissance.

— Voilà une jolie petite fille ! s'écria-t-elle en désignant l'enfant. Et monsieur et madame désirent quelque chose ? Déjeuner, peut-être ?

— Je voudrais deux chambres, dit André.

— Monsieur reste toute la journée ici ? Tant mieux ! Monsieur veut peut-être louer une campagne pour la saison? Nous avons même des Parisiens ici, monsieur.

— Non, madame; je viens simplement rendre visite à quelqu'un du pays.

L'aubergiste, devenue très curieuse, n'osa pas cependant demander le nom et fit : « Ah! »

— Je vous prierai même, madame, de m'indiquer son habitation.

— Je connais tout le monde. C'est...?

— M. Montenol, dit André.

— Ah! je peux dire que je le connais, M. Montenol, reprit l'aubergiste. Il passe deux fois par jour ici devant, monsieur, pour se rendre là-bas, tenez, sur la route de Grançay, où est la fabrique... Il emploie cent ouvriers, M. Montenol, au moment des gros ouvrages... C'est lui qui fait les charrues, monsieur, tous les instruments pour la terre...

— Et sa maison, où est-elle?

— De ce côté-ci. Au bout de la rue, vous apercevez un toit d'ardoise et un grand jardin devant. C'est là... Seulement, vous ne le trouverez pas chez lui maintenant, M. Montenol. Il est à la fabrique, et il n'en revient qu'à quatre heures, entre quatre et cinq, monsieur.

— C'est parfait. Je vais me promener dans le pays, en attendant.

Et il sortit pendant que les femmes se reposaient dans leurs chambres. Une agitation commençait à le saisir. En jetant les yeux autour de lui, il se demandait pourquoi il était venu là, dans ce bourg lointain, ce qu'il allait y faire et qu'est-ce qu'il raconterait à son ennemi, s'il le rencontrait sur ce chemin par hasard. Il eut un instant l'envie de disparaître le soir même, mais ce qu'il avait dit à l'aubergiste le retint. De qui aurait-il l'air, en fuyant ainsi, après avoir pris des renseignements sur Montenol?

Quand il revint, la bonne femme lui demanda :

— Vous le connaissez de vue, M. Montenol, n'est-ce pas?

— Oui.

— Alors, il y a une chose que vous pourriez faire, ce serait d'aller à sa rencontre, tout à l'heure, du côté de la fabrique. Vous le verriez plus tôt.

— Bien! dit André, je préfère ça...

— On ne peut pas passer par ailleurs, monsieur. Vous êtes sûr de ne pas le manquer. Monsieur vient pour faire une commande à M. Montenol? ajouta-t-elle, car elle avait cette question sur les lèvres depuis l'arrivée.

— C'est cela, reprit André en souriant.

— Voici madame qui descend avec la petite, dit l'aubergiste.

— Et... est-il coulant en affaires, M. Montenol?

— Un brave homme... c'est sûr... un brave homme, mais trop sérieux, trop enfermé. Il vit tout seul, monsieur, tout seul avec un domestique et une cuisinière, et, continua-t-elle en baissant la voix, on peut dire que celui-là en gagne de l'argent. Ah! il est quatre heures. Vous pourriez partir.

— Vous avez raison... Viens avec moi, Henriette, ça nous fera une promenade avant dîner.

Ils laissèrent la tante Borne causer cuisine avec l'aubergiste et tournèrent la route à gauche. A la sortie du bourg, elle était déserte. Quelques chemineaux seulement passaient, un sac à l'épaule. Deux ou trois fois ils croisèrent une charrette de paysans ou une voiture de commis-voyageurs.

A un détour, André vit s'avancer au loin deux hommes qui marchaient ensemble.

— Je ne distingue pas encore si c'est lui, dit-il.

— Sois prudent surtout, je t'en supplie, reprit Henriette.

A la sortie du bourg, la route était déserte (p. 314)

— Oh! je serai très poli... Je lui demanderai simplement un entretien... pour affaires... Il ne peut pas me le refuser... D'ailleurs, ce n'est pas Montenol qui vient...

C'étaient deux paysans qui les saluèrent.

— Ah! ah! s'écria André quelques instants après, le voici... Il est seul.

Montenol marchait lentement, appuyé sur un bâton. Quand André put distinguer son visage, ce qui le frappa surtout, c'est que son teint si coloré de grains rouges avait pâli par plaques. En un costume de campagne, chapeau de paille, veston marron et gros souliers, il n'avait plus au même degré cet air de bourgeois distingué qui avait surpris André au tribunal.

Apercevant une dame, Montenol ôta son chapeau et inclina la tête. Il n'avait pas reconnu le jeune homme et continuait son chemin, quand André traversa la route rapidement et se plaça devant lui, le saluant aussi.

— Monsieur... dit Montenol.

Mais aussitôt il fronça le sourcil et s'arrêta.

— Je suis monsieur Imbert, dit André. Je désirerais vous dire un mot.

Montenol avait tressailli, mais il resta calme et répondit :

— Quand il vous plaira, monsieur.

— Verriez-vous un inconvénient à ce que nous fassions quelques pas ensemble?

— A vos ordres.

Et ils s'avancèrent, tandis qu'Henriette les suivait à une certaine distance.

— Parlez, monsieur, je vous prie, ajouta Montenol avec une voix d'un timbre très doux, presque triste, qui fit d'abord hésiter André.

— Monsieur, dit celui-ci en faisant un effort de la gorge,

je n'ai attaché aucune importance à la formalité de procédure qui nous a amenés, l'année dernière, au tribunal. Je viens vous prier de me dire la vérité, à moi.

Montenol reprit :

— Monsieur, la vérité a été établie devant les magistrats par mon serment.

— Je ne crois pas à ce serment! s'écria André. Si j'y croyais, je ne serais pas ici, dans votre pays, à votre recherche !

Montenol le regarda sans colère, les lèvres un peu tremblantes cependant, puis il tourna légèrement la tête en arrière comme pour voir si Henriette était proche.

— Pourtant, monsieur, la loi... commença-t-il.

— La loi n'a rien à faire dans cette question, interrompit André. C'est une question d'homme à homme que je vous pose. Vous devez pouvoir me donner les preuves que vous n'avez rien reçu de mon cousin mourant pour m'être remis... Voilà ce que je vous demande, ce que je suis en droit d'exiger.

Sa voix avait haussé d'un ton et retentissait encore davantage dans la solitude de la route et le déclin du jour.

— Si je me suis trompé sur votre compte, je vous ferai des excuses, mais prouvez-le-moi.

Montenol alors se recula un peu et jeta des regards autour de lui.

— N'ayez pas peur, dit André contracté d'ironie, je ne veux pas vous assassiner. Répondez-moi !

— Faites ce que vous croirez devoir faire, monsieur, répondit Montenol avec un mouvement de bras; mais je n'ai rien à vous répondre.

André frappa un coup de pied contre la terre et porta la main à son front.

— Comprenez donc, monsieur... s'écria-t-il enfin en le

touchant au bras... Comprenez donc. Je suis avec ma femme et mon enfant, dans une auberge... Notre famille est ruinée... Nous quittons Paris sans argent pour aller à Bordeaux, où il nous arrivera Dieu sait quoi. Je suis sans position et sans ressources. Je soupçonne que vous avez peut-être une somme importante qui m'appartient et vous ne voulez pas que je vous demande une explication sérieuse. Ah ! ah ! vraiment, je serais fou !

Montenol se rapprocha de lui :

— Je vous croyais avocat, dit-il doucement.

— Je n'ai pas eu l'argent pour finir mes études... Vous savez aussi bien que moi que mon père n'a plus aucune fortune...

— Oui... oui..., murmura Montenol.

Et durant quelques secondes, il sembla perdu dans un rêve, marchant aux côtés d'André sans prononcer un mot.

Puis, au moment où celui-ci allait reprendre la conversation, Montenol se retourna tout à coup vers Henriette, et presque à voix basse, lui demanda :

— Vous avez un enfant, madame?

Henriette leva les yeux vers lui et répondit :

— Oui, monsieur.

— Un garçon?

— Une petite fille...

Il considérait madame Imbert d'un air où il y avait de l'inquiétude et de la bonté ; et alors, s'adressant à André :

— Je n'ai pas fait ce que vous croyez, dit-il d'un accent mélancolique. Mais sans moi, en effet, oui, j'ai lieu de supposer que, sans moi, mon cousin Pachery vous eût laissé quelque chose... C'est moi, je le reconnais, qui l'en ai empêché... Je subissais l'influence de vieilles histoires de famille rabâchées de père en fils. Je vous ai donc fait du tort... indirectement. Je le regrette et je suis prêt à le réparer. Voulez-vous que nous ne reparlions plus de cette ancienne querelle et que nous nous réconciliions ? Donnez-moi une poignée de main, monsieur Imbert ?

André tendit le bras machinalement. Il ne lui restait de sa colère qu'une grande lassitude et des bourdonnements dans les oreilles. Henriette, l'œil fixé sur Montenol, avait les lèvres qui tremblaient un peu.

— Permettez-moi de vous embrasser, madame, dit celui-ci en souriant. D'ailleurs, nous sommes parents.

Et serrant de nouveau la main d'André, il se pencha vers la jeune femme.

— Où sont donc vos bagages ? monsieur Imbert ? reprit-il après avoir fait deux ou trois pas sur la route.

— Ils sont à la gare.

— Nous les enverrons chercher demain. Il est l'heure de dîner, vous devez avoir faim, allons à la maison, ajouta-t-il tranquillement comme s'il s'agissait d'une visite ordinaire.

A l'auberge on prit la tante Borne, à qui Montenol offrit le bras, puis ils se dirigèrent tous vers la villa :

— Qu'est-ce qui arrive ? demanda la vieille dame à voix basse à Henriette.

— Je ne sais pas, reprit celle-ci.

André marchait dans la longue rue du bourg. La nuit était tombée : les maigres lumières des boutiques, de rares lanternes accrochées à des poteaux éclairaient vaguement les trottoirs par endroits. Devant les portes, des habitants échangeaient des saluts avec Montenol et suivaient de l'œil en chuchotant cette petite troupe d'étrangers.

André ne cherchait pas à s'expliquer les choses qui venaient de s'accomplir autour de lui, si brusquement. Il s'avançait, les jambes molles, dans une sorte d'égarement, car le hasard, en nous touchant, nous grise parfois comme l'alcool. Il vit une grande maison blanche, il marcha dans des allées couvertes d'un sable jaune qui craquait sous ses pieds, et il se trouva dans une vaste salle à manger où un feu flambait.

Et, en se mettant à table il songea :

— Je réfléchirai demain.

Durant le repas, Montenol se montra très cordial avec ses hôtes. Il leur parlait d'un ton naturel et doux, s'intéressant à eux ainsi qu'à des parents depuis longtemps attendus.

Après dîner, il les conduisit dans leurs chambres. Dès qu'Henriette et André furent seuls, le jeune homme s'assit sur le rebord du lit et murmura : « C'est vraiment inouï ! »

Ensuite, il ajouta :

— Que s'est-il passé dans cette affaire Pachery? Montenol a-t-il eu des remords? Au contraire s'est-il pris d'une sympathie subite ?...

Henriette l'interrompit :

— A quoi bon se poser ces questions-là mon chéri? Il ne peut résulter de tout cela que des choses agréables pour nous, voilà la vérité.

— Tu as raison, reprit André.

Le lendemain matin, il se leva assez tard et aperçut par la fenêtre Montenol causant avec le jardinier. Il s'habilla rapidement et descendit :

— Je vous attendais, lui dit Montenol... Nous irons à l'atelier ce matin, si vous n'êtes pas fatigué.

Quand ils eurent traversé le village, ils atteignirent bientôt l'endroit où la veille ils s'étaient rencontrés.

— Mon cher monsieur Imbert, dit alors Montenol, mon cher André, reprit-il en souriant, voici ce que j'ai à vous

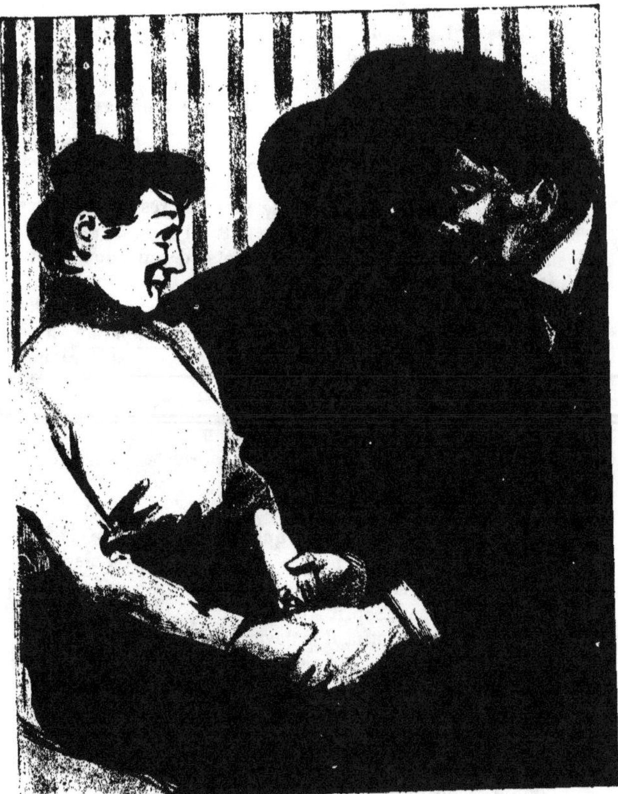

Le jeune homme s'assit sur le bord du lit et murmura :
« C'est vraiment inouï! » (p. 320)

proposer. La fabrique que vous allez voir est trop important aujourd'hui pour mes forces, et je me disposais à prendre quelqu'un pour m'aider... Je vous offre d'être ce quelqu'un et de rester avec moi, vous et votre famille. J'ai un grand pavillon libre à côté de ma maison... Je vous apprendrai le métier, mon cher André...

Comme le jeune homme, tout ému, lui serrait la main :

— Hein ? voyez le beau pays, continua Montenol en se tournant vers la campagne baignée d'une lumière matinale et pure.

Ils arrivaient à la fabrique, vaste construction formée de plusieurs corps de bâtiment, emplis du bruit des machines et de la voix des ouvriers.

André avait la sensation physique d'un homme que l'on vient de débarrasser d'un lourd fardeau. Ainsi, il n'était plus un de ces êtres besogneux qui semblent n'avoir aucune place naturelle dans la société, qui ne trouvent à s'intercaler nulle part, que la vie, sans raison, entraîne, bouscule et détruit. On dirait que le hasard, après nous avoir longtemps poursuivis, nous abandonne un jour tout à coup pour aller s'acharner sur d'autres hommes et nous laisse paisiblement continuer notre chemin, comme ces taons qui, dans les bois, accourent sur les chevaux, bourdonnent autour d'eux avec fureur, les saignent, puis disparaissent d'un rapide et invisible coup d'aile.

En quelques heures, André oublia les tristes histoires parmi lesquelles il se débattait depuis des années, auss aisément que les péripéties d'un drame joué devant lui par des acteurs. Il écrivit à son père et à son oncle des lettres sommaires pour leur annoncer sa nouvelle situation et il renvoya dès le lendemain à son camarade Grenot l'argent avancé par la maison de Bordeaux pour les frais de son voyage.

M. Imbert père répondit par quatre pages de commentaires puérils sur l'affaire Pachery et le caractère de Montenol ; l'oncle Augustin par des réflexions philosophiques sur le travail et la destinée.

6428. — Imprimerie de Vaugirard, 152, rue de Vaugirard. Paris.